猪瘟：肾脏色泽变淡，表面及髓质有出血斑点（王扬伟提供）

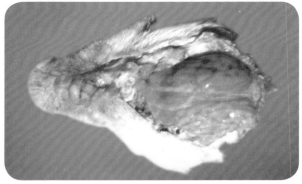

猪瘟：急性型脑软膜和脑实质出血斑点（唐光武提供）

猪瘟：膀胱黏膜严重出血（唐光武提供）

猪瘟：眼结膜炎（唐光武提供）

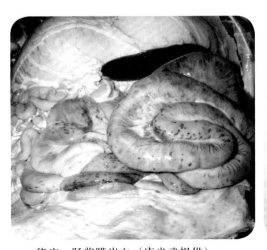

猪瘟：肠浆膜出血（唐光武提供）

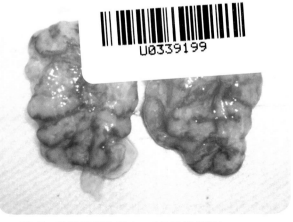

猪瘟：淋巴结周边出血　（吴凤笋提供）

1

猪瘟：肾脏先天性发育不全
（吴凤笋提供）

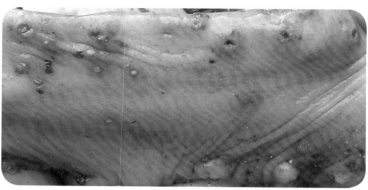

猪瘟：回肠和盲肠黏膜扣状肿（唐光武提供）

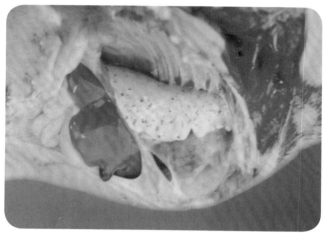

猪瘟：肺弥漫性出血点（唐光武提供）

猪瘟：喉头黏膜出血（唐光武提供）

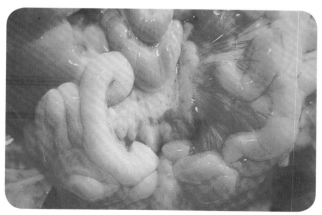

猪瘟：肠系膜所属淋巴结肿大，肠系膜有出血点（唐
光武提供）

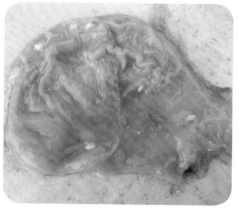

猪瘟：胃底黏膜出血（吴凤笋提供）

猪瘟：皮肤出血坏死结痂（唐光武提供）

猪瘟：脾脏出血及边缘梗死灶（唐光武提供）

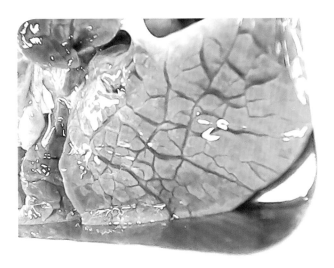

猪繁殖与呼吸综合征：病死猪间质性肺炎（王扬伟提供）

猪繁殖与呼吸综合征：耳部淤血（吴凤笋提供）

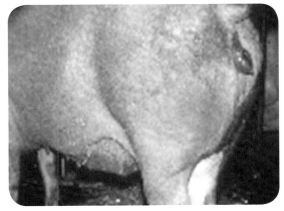

猪繁殖与呼吸综合症：皮肤发绀（吴玉臣提供）

猪圆环病毒病：耳、胸腹、臀部皮肤出现红紫色丘状斑点（唐光武提供）

3

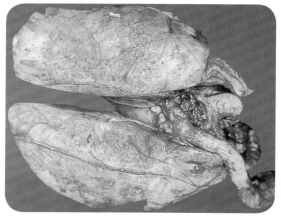

猪圆环病毒病：肺门淋巴结肿大、暗红色，弥漫性间质性肺炎（唐光武提供）

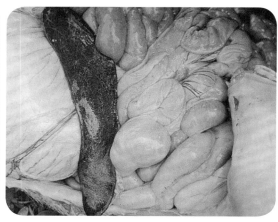

猪圆环病毒病：各肠段有较明显皱褶，即为不同程度的衰竭现象（唐光武提供）

猪圆环病毒病：心包积液，肺小叶间增宽，肺小叶实变、气肿（唐光武提供）

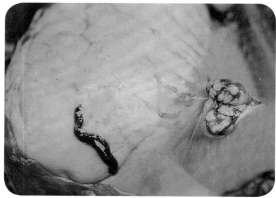

猪圆环病毒病：胃发育不良，表现胃壁缺乏弹性菲薄，胃门淋巴结肿大（唐光武提供）

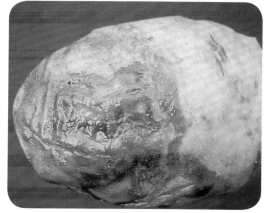

猪圆环病毒病：胃发育不良，胃黏膜弥漫性出血糜烂（唐光武提供）

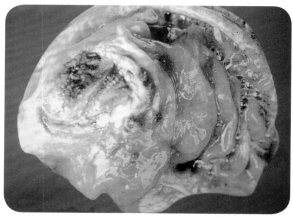

猪圆环病毒病：胃黏膜污浊，缺乏黏膜固有的光泽脆弱（唐光武提供）

猪圆环病毒病：心肌发育不良，缺乏弹性柔软，右心扩张与纤维素性胸膜肺炎的病变（唐光武提供）

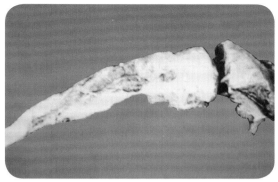

猪圆环病毒病：整个脾出血坏死灶被机化而萎缩，附有结蹄组织包膜（唐光武提供）

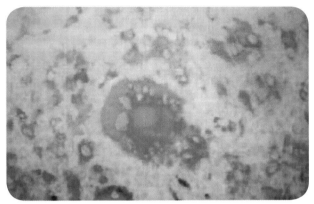

猪圆环病毒病：扁桃体生发中心有大量包涵体（唐光武提供）

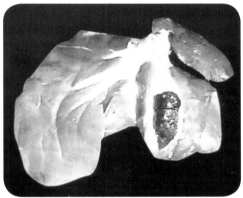

猪圆环病毒病：胆囊内胆汁浓稠（唐光武提供）

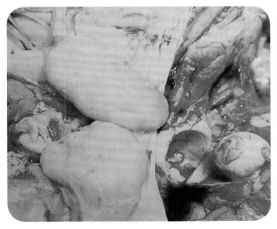

猪圆环病毒病：腹股沟淋巴结异常肿大，呈灰白色（唐光武提供）

猪伪狂犬病：病猪神经症状（王扬伟提供）

猪伪狂犬病：病猪神经症状——游泳状（唐光武提供）

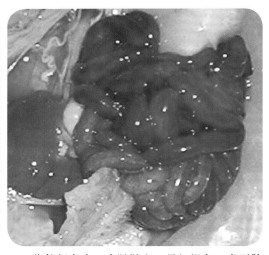

猪伪狂犬病：小肠淤血，呈红褐色，表面散发点状出血和灰白色坏死灶（唐光武提供）

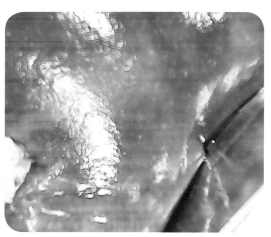

猪伪狂犬病：病死猪肝脏白色坏死点（王扬伟提供）

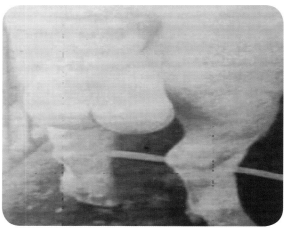

猪日本乙型脑炎：公猪一侧睾丸肿胀（王扬伟提供）

猪日本乙型脑炎：死胎（王扬伟提供）

猪口蹄疫：蹄叉部水疱破溃，蹄冠水肿（王扬伟提供）

猪副嗜血杆菌病：病猪腹泻（王扬伟提供）

猪副嗜血杆菌病：胸腔积液（唐光武提供）

猪副嗜血杆菌病：肺出血（吴凤笋提供）

猪副嗜血杆菌病：肠管及腹腔内纤维素条索（唐光武提供）

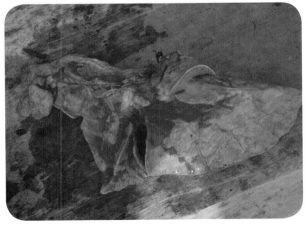

猪副嗜血杆菌病：肺脏岛屿状出血、淤血（吴凤笋提供）

猪副嗜血杆菌病：肺脏大面积出血、淤血（吴凤笋提供）

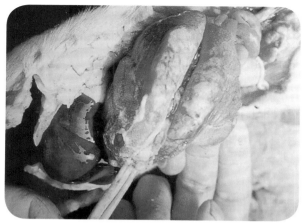

猪副嗜血杆菌病：肺浆膜纤维素伪膜（唐光武提供）

猪副嗜血杆菌病：关节腔积液（吴玉臣提供）

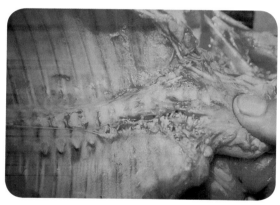

猪副嗜血杆菌病：胸肋膜纤维素伪膜（唐光武提供）

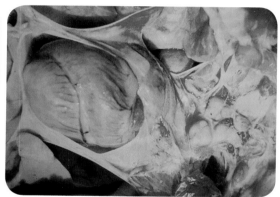

猪副嗜血杆菌病：胸前淋巴结肿大、灰白色（唐光武提供）

猪链球菌病：败血型肠淋巴结出血（唐光武提供）

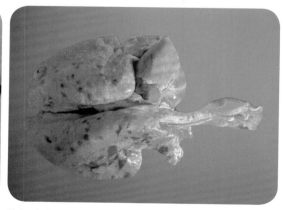

猪链球菌病：败血型肺出血性炎（唐光武提供）

猪链球菌病：败血型体表弥漫性发绀、出血（唐光武提供）

猪链球菌病：神经症状（吴玉臣提供）

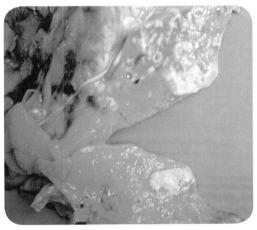

猪链球菌病：败血型肺脓灶内可见乳黄色脓汁（唐光武提供）

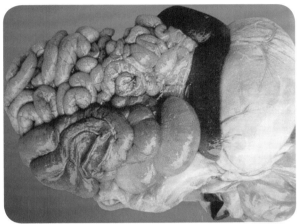

猪链球菌病：败血型脾肿大，呈暗红色或兰紫色（唐光武提供）

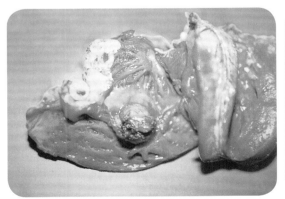

猪链球菌病：败血型心内膜形成赘生物（唐光武提供）

猪链球菌病：败血型胸主动脉浆膜弥散性出血点斑（唐光武提供）

9

猪链球菌病：化脓淋巴结型下颌淋巴结化脓灶
（唐光武提供）

猪附红细胞体病：贫血，血液稀薄、凝固不良（唐
光武提供）

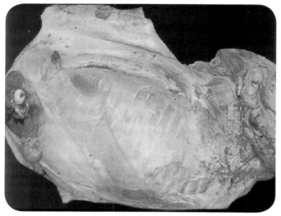

猪附红细胞体病：皮下黄染（唐光武提供）

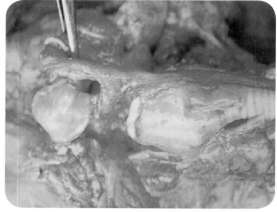

猪附红细胞体病：喉头黏膜和气管外膜黄染
（唐光武提供）

猪附红细胞体病：心包浆膜黄染（唐光武提供）

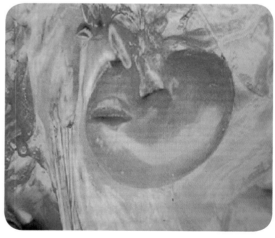

猪附红细胞体病：肾黄染（唐光武提供）

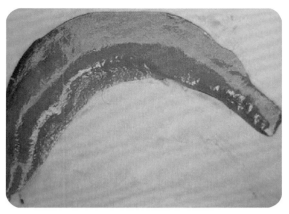

猪附红细胞体病：脾肿大黄染（唐光武提供）

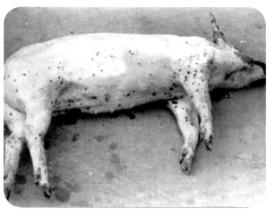

猪弓形体病：皮肤出血（王扬伟提供）

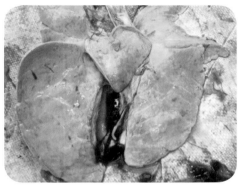

猪弓形体病：肺间质水肿，呈岛屿状（唐光武提供）

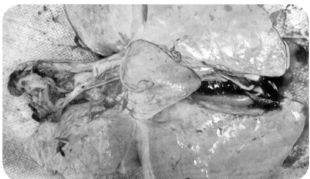

猪弓形体病：肺门淋巴结水肿，肺出血（唐光武提供）

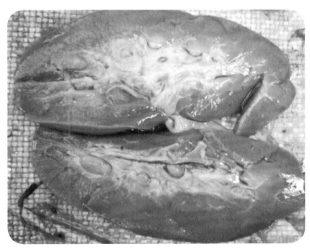

猪弓形体病：肾黄染（唐光武提供）

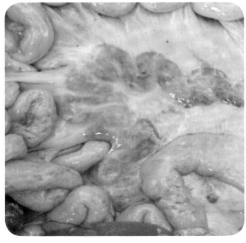

猪弓形体病：肠系膜淋巴结呈串珠状，出血肿大（唐光武提供）

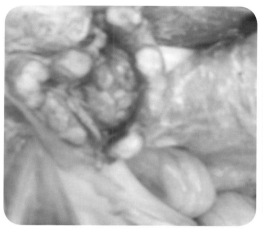

猪弓形体病：肠系膜淋巴结横切面呈乳白色，多汁（唐光武提供）

猪弓形体病：肺横切面多汁（唐光武提供）

猪弓形体病：肺间质性水肿，并且出现圆珠笔尖大小出血点（唐光武提供）

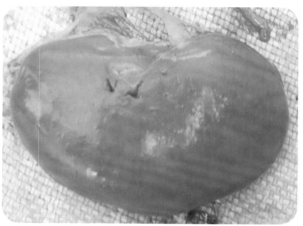

猪弓形体病：肾脏表面布满圆珠笔尖大小灰白色坏死点（唐光武提供）

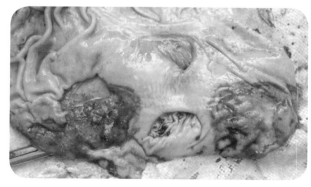

猪弓形体病：胃底黏膜出现2厘米左右溃疡灶（唐光武提供）

猪弓形体病：胰脏紫黑色干酪物质（唐光武提供）

猪霉菌毒素中毒：母猪外阴红肿（王扬伟提供）

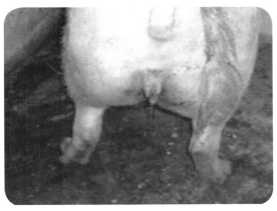

猪霉菌毒素中毒：母猪流产

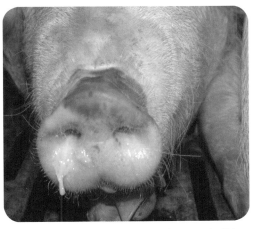

猪流感：鼻腔有白色黏液（吴玉臣提供）

猪流感：鼻与咽喉部卡他性炎症（吴玉臣提供）

猪流感：肺门淋巴结肿大，切面炎性充血（唐光武提供）

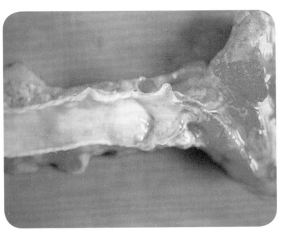

猪流感：气管内有多量分泌物（唐光武提供）

猪流感：肺切面间质增宽、支气管内有炎性分泌物（唐光武提供）

猪流感：肺弥漫性炎性水肿，间质增宽（唐光武提供）

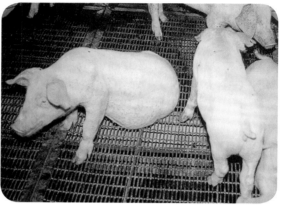

猪巴氏杆菌感染：咽喉部水肿（吴玉臣提供）

猪支原体肺炎：病猪明显腹式呼吸，似犬坐而缓解呼吸困难（唐光武提供）

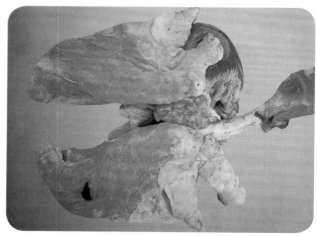

猪支原体肺炎：肺对称性肉样病变（唐光武提供）

猪支原体肺炎：肺对称性胰样病变（唐光武提供）

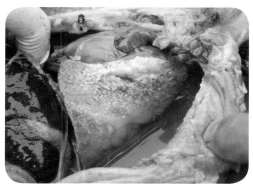

猪接触传染性胸膜肺炎：肺炎病灶覆有纤维素，胸腔内有黄红色混浊的液体（吴玉臣提供）

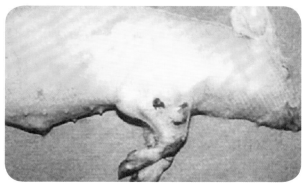

猪接触传染性胸膜肺炎：右侧肘关节放线菌性脓肿（唐光武提供）

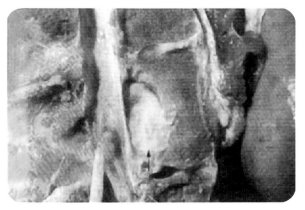

猪接触传染性胸膜肺炎：脊柱处有灰白色放线菌性脓肿（唐光武提供）

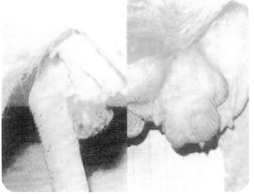

猪接触传染性胸膜肺炎：乳房放线菌肿（唐光武提供）

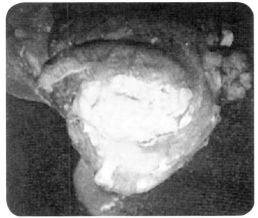

猪接触传染性胸膜肺炎：心包放线菌性豆腐渣样脓灶（唐光武提供）

猪传染性萎缩性鼻炎：病猪鼻梁弯曲，脸部上撅（唐光武提供）

猪传染性萎缩性鼻炎：鼻梁弯曲，眼角有泪斑（唐光武提供）

猪传染性萎缩性鼻炎：鼻甲骨消失，鼻腔变成一个鼻道，鼻中隔弯曲（唐光武提供）

猪后圆线虫病（吴玉臣提供）

猪霉菌性肺炎：肺表面霉菌性结节周围不同程度充血（唐光武提供）

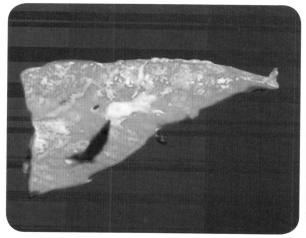

猪霉菌性肺炎：肺切面支气管霉菌性结节灰白色（唐光武提供）

猪传染性胃肠炎：病仔猪后躯粪便污染（唐光武提供）

16

猪传染性胃肠炎：小肠充血膨大，肠壁变薄、透亮，肠腔内充满黄绿色或灰白色液体、含有气泡（唐光武提供）

猪传染性胃肠炎：病猪胃底黏膜充血、出血（唐光武提供）

猪传染性胃肠炎：仔猪发病2～5天后因脱水而死（唐光武提供）

猪流行性腹泻：急剧脱水、消瘦（唐光武提供）

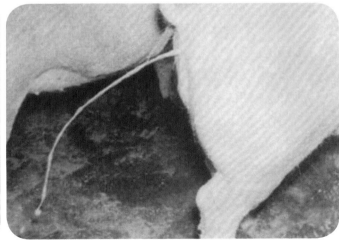

猪流行性腹泻：胃内充满凝乳块（唐光武提供）

猪流行性腹泻：水样腹泻（唐光武提供）

猪流行性腹泻：小肠空虚、肠壁变薄，其内充满气体（唐光武提供）

猪轮状病毒病：黄色糊状粪便（唐光武提供）

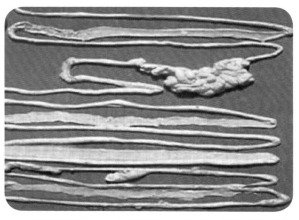
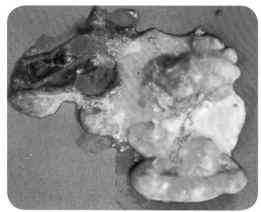

猪轮状病毒病：小肠壁变薄，黏膜上有较多淡黄色黏液（唐光武提供）

猪大肠杆菌病：小肠内含有大量黄白色或灰白色带有恶臭气味的内容物（唐光武提供）

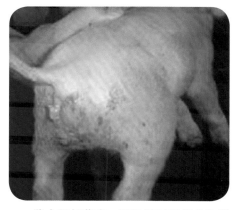

猪大肠杆菌病：肛门周围糊有黄色稀粪（唐光武提供）

猪增生性肠炎：黏膜呈颗粒状炎性肿胀（唐光武提供）

18

猪增生性肠炎：肠壁明显变厚（唐光武提供）

仔猪梭菌性肠炎：肠管全部出血性病变
（唐光武提供）

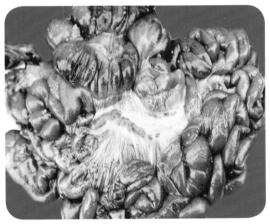

仔猪梭菌性肠炎：肠系膜淋巴结出血性病
变（唐光武提供）

仔猪梭菌性肠炎：肠黏膜坏死（唐光武提供）

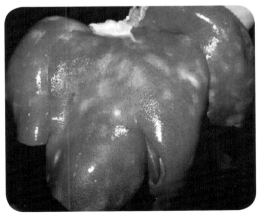

猪蛔虫病：乳斑肝（唐光武提供）

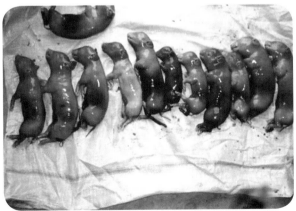

猪细小病毒病：流产胎儿（唐光武提供）

19

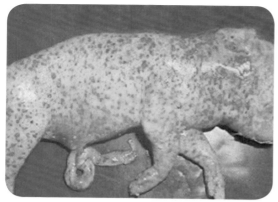

猪衣原体病：流产胎儿全身皮肤出血（唐光武提供）

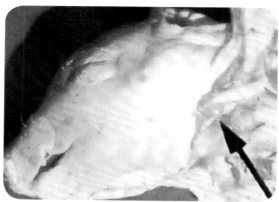

猪衣原体病：流产胎儿下颌淋巴结肿胀（唐光武提供）

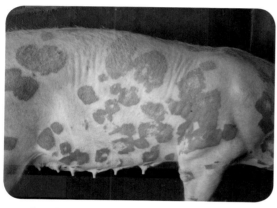

猪丹毒：皮肤呈"打火印"（张磊波提供）

猪囊尾蚴病：心肌上的囊尾蚴（唐光武提供）

猪囊尾蚴病：肝脏上的囊尾蚴（唐光武提供）

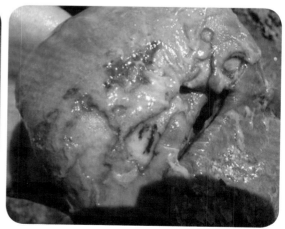

应激综合征：胃溃疡（吴玉臣提供）

猪病病理诊断及防治精要

主　编

杨保栓

副主编

王扬伟　唐光武

吴玉臣　刘森涛

编著者

（以姓氏笔画为序）

王扬伟　王丽景　刘森涛

吴玉臣　吴凤笋　张磊波

杨保栓　唐光武　郭　爽

金盾出版社

 内容提要

本书由猪病病理诊断基础、猪病病理诊断及防治精要两大部分组成。第一部分介绍基本病理过程、器官病理、病理剖检及诊断技术;第二部分介绍猪病的病理变化和防治精要,在诊断上强调病理诊断辅以其他诊断,在猪病分类上,为了更贴近临床实际,打破了一般按病原或病因分类的习惯,而是以同类病变和症状归类。为了使读者有更直观的感受,本书配有大量猪病的病理及症状彩图,图文并茂。内容科学性、系统性、实用性强,可供兽医临床工作者、猪场兽医技术人员使用,亦可供农业大专院校相关专业师生阅读参考。

图书在版编目(CIP)数据

猪病病理诊断及防治精要/杨保栓主编 . —北京:金盾出版社,2016.10
(重印2018.1)
ISBN 978-7-5082-9829-0
Ⅰ.①猪… Ⅱ.①杨… Ⅲ.①猪病—诊断②猪病—防治 Ⅳ.①S858.28

中国版本图书馆 CIP 数据核字(2014)第 270691 号

金盾出版社出版、总发行
北京太平路 5 号(地铁万寿路站往南)
邮政编码:100036 电话:68214039 83219215
传真:68276683 网址:www.jdcbs.cn
北京军迪印刷有限公司印刷、装订
各地新华书店经销
开本:705×1000 1/16 印张:13.5 彩页:20 字数:200 千字
2018 年 1 月第 1 版第 2 次印刷
印数:4001~7000 册 定价:39.00 元

前　言

　　病理剖检是客观、快速的猪疾病诊断方法之一，对于一些群发性疾病，如传染病、寄生虫病、中毒性疾病和营养缺乏症等，或对一些群养动物（尤其是中、小动物）疾病，通过病理剖检，观察特征病变，结合临床症状和流行病学调查等，可以及早作出诊断，及时采取有效的防治措施。

　　临床上每种猪病经过流行病学、临床症状、病理剖检、实验室诊断等综合判断再确诊往往是不现实的，由于实验室诊断要求较高，一般养殖场不具备这样的条件，而将病死猪送到相关单位检验又延误了治疗时机，所以病死猪的病理剖检就成了确诊疾病的重要依据。

　　本书由猪病病理诊断基础、猪病病理诊断及防治精要两大部分组成。猪病病理诊断基础介绍基本病理过程、器官病理及病理剖检技术。猪病病理诊断及防治精要介绍猪病的病理变化和诊治精要。在猪病分类上，为了更贴近临床实际，打破了一般按病原或病因分类的习惯，而是以同类病变和症状归类。

　　在病理诊断基础上谈防治精要，旨在减少猪病防治一线人员在运用病理知识时的盲目性，诊断防治时有理可依。该部分由诊断要点和防治要点两部分组成。诊断要点强调病理诊断辅以其他诊断；防治要点是介于防治原则和防治方案之间，它比前者要细化些，而比后者要粗略些。为了使读者有更直观的感受，本书配有大量猪病的彩图，图文并茂。

本书参编人员有河南牧业经济学院的专家教授,科研单位的研究人员,生产第一线的兽医师和技术员。具体人员包括:河南牧业经济学院王扬伟、吴玉臣、吴凤笋、杨保栓、唐光武,河南官渡兽药有限公司刘森涛、王丽景、张磊波,河南农业大学郭爽。

　　由于编者水平所限,错误在所难免,欢迎同仁批评指正。

编著者

目　录

上篇　猪病病理诊断基础

下篇　猪病病理诊断及防治精要

上篇　猪病病理诊断基础

第一章　基本病理过程

一、应激反应

应激是指机体受到各种因子的强烈刺激或长期作用,处于"紧急状态"时发生的以交感神经过度兴奋和肾上腺皮质功能异常增强为主要特点的一系列神经内分泌反应,并由此而引起各种功能代谢改变,以提高机体的适应能力和维持内环境的相对稳定,也就是机体应对突然或紧急刺激的一种非特异性防御反应。应激是机体维持正常生命活动必不可少的生理反应,其本质是防御反应,但反应过强或持续过久,会对机体造成损害,甚至引起应激性疾病或成为许多疾病的诱因。

1. 病　因

任何刺激只要达到一定的强度,都可引起应激反应,如惊吓、捕捉、运输、过冷、过热、拥挤、混群、缺氧、感染、营养缺乏、缺水、断料、改变饲喂方法、更换饲料、环境变化、高产过劳、创伤、疼痛、中毒等。

2. 症　候　群

分为三个时期。一是警觉期,又分为休克期和抗休克期,休克期意味着机体突然受到应激原的作用,来不及适应而呈现的损伤性反应。表现为神经抑制、血压及体温下降、肌肉紧张性下降、血糖降低、白细胞减少、血凝加速、胃肠黏膜溃疡等。机体很快动员全身适应能力而进入抗休克期,表现为交感神经兴奋,垂体-肾上腺皮质功能增强,嗜中性白细胞增多,体温升高等。二是抵抗期,是抗休克期的延续,机体对应激原已获得最大适应,对其抵抗力增强,而对其他各类应激原的抵抗力则有时增高,称之为交叉抵抗力;有时抵抗力反而下降,称为反交叉致敏。通过一系列的适应防御反应,警觉期中所出现的病变减轻或消失,猪趋向正常。三是衰竭期,应激原持续作用时间过长,则可进一步发展为此期,衰竭期再出现与警觉反应期相似的各种病变,但该期病变是不可逆的,往往导致猪死亡。

3. 应激性疾病

包括突毙综合征、恶性高温综合征、PSE 和 DFD 猪肉(PSE 猪肉又称白肌肉或水煮样肉,DFD 猪肉肌肉颜色暗红,质地粗硬,切面干燥)、猪运输病及运输热、猪大肠杆菌病、猪胃食管区溃疡病、猪咬尾症等。

二、充　血

在某些因素作用下,局部组织或器官的小动脉和毛细血管扩张,流入血量显著增多,致使组织器官内动脉血含量增多,称为充血。

1. 病因及类型

在各种致病因素的作用下引起的充血,称为病理性充血。神经性充血是疾病过程中最常见的充血,由于各种致病因素和体内病理性产物(如组胺、5-羟色胺等炎症介质)的刺激,反射性引起缩血管神经抑制和舒血管神经兴奋,从而使局部小动脉和毛细血管扩张充血。侧支性充血(图 1-1)是当某一动脉被异物堵塞或血管结扎而发生狭窄或闭塞时,堵塞部上方及周围的动脉分支,为恢复堵塞部下方的血液循环而发生代偿性扩张充血。

图 1-1　侧支性充血

贫血后充血局部器官和组织长期受压而引起局部缺血时,大量血液涌入导致小动脉和毛细血管强烈扩张充血。充血的组织色泽鲜红,体积肿大,被膜紧张,边缘钝圆,切面外翻,温度升高,功能加强。

2. 影 响

一般来说,轻度短时间的充血对机体是有益的。但长期持续性充血常造成血管壁本身营养不良,血管壁张力下降,从而使血流逐渐减慢,逐渐转变成淤血。如充血发生在脑部(中暑),短时间的充血也会引起严重恶果。

三、淤 血

小静脉和毛细血管扩张,血流缓慢,血液在静脉内淤积,以致局部组织内静脉血含量增多的现象,称为淤血。

1. 病 因

局部性淤血的病因往往见于静脉血管受压迫,引起静脉管腔的狭窄或闭塞,血液回流受阻而导致相应部位的器官和组织淤血。全身性淤血的病因主要由于心脏功能障碍或胸内压增高引起。心包炎、心肌炎或心瓣膜病等引起心力衰竭;胸膜炎、纤维素性肺炎等引起胸水及胸内压力增高,均可造成静脉回流障碍,而发生全身性静脉淤血。

2. 病理变化

淤血组织体积增大,呈暗红色或蓝紫色。这种颜色的变化,在猪的可视黏膜及无毛皮肤上特别明显,这种症状称为发绀。体表淤血组织温度降低,功能减退。淤血时小静脉与毛细血管内压升高,加上管壁缺氧,通透性增高,使血液的液体成分大量外渗进入组织内,引起水肿,称为淤血性水肿。严重时,红细胞也漏入组织中,形成出血,称为淤血性出血。

肝淤血:主要见于右心衰竭,肝静脉与后腔静脉回流受阻。急性肝淤血时,眼观肝脏体积增大,被膜紧张,边缘变钝,呈暗紫红色,质脆易碎,从切面上流出大量暗红色血液。慢性肝淤血,肝实质细胞萎缩,间质结缔组织增生,使肝脏变硬,称为淤血性肝硬化。

肺淤血:主要由于左心衰竭和肺静脉血回流受阻所致。急性肺淤血时,眼观肺脏呈紫红色,体积膨大,质地坚实,重量增加,被膜紧张而光滑,如果肺淤血稍久,血液成分大量渗入肺泡腔、支气管和肺间质中,则可见支气管内有大量淡红色泡沫样液体,间质增宽。由于肺泡腔内存在多量的漏出物,使肺泡牵张反射敏感,因此临床上可出现短促性呼吸困难。肺长期淤血能引起肺的间质结缔组织增生,导致肺硬化,还因肺内有含铁血黄素沉着而呈黄褐色,故称为肺褐色硬化。

肾淤血:见于右心衰竭时,常常伴发肾淤血。眼观淤血的肾体积增大,呈暗红色或蓝紫色,切面皮质呈红黄色,髓质呈暗紫色,皮质和髓质分界明显。肾淤血时因血流缓慢,通过肾脏的血量减少,肾小球的滤过功能降低,因而尿量减少。肾淤血应与猪死后尸体的沉积性淤血相区别。若是猪生前发生的肾淤血,则左、右两侧肾淤血病变一致;而死后发生的沉积性淤血,则主要见于倒卧侧肾淤血。

脾和胃肠淤血:是由门静脉所属分支血液回流障碍引起,眼观脾体积增大,被膜紧张,边缘纯圆,切面隆起,结构模糊不清,呈暗红色。淤血严重时,肠系膜和胃肠还会发生淤血性水肿和淤血性出血。

3. 影　响

由于淤血病因、发生部位、持续时间等不同,对机体影响和结局亦有异。短期轻度淤血,在消除病因或形成侧支循环后即可消退。如果淤血病因长期存在,则可导致淤血逐渐加重,淤血组织可因持续缺氧、代谢障碍、代谢产物蓄积而引起实质细胞萎缩、变性和坏死,称为淤血性坏死。同时伴有间质大量增生、纤维胶原化,使组织器官体积缩小,质地变硬,称为淤血性硬化。

四、出　血

血液流出血管或心脏以外,称为出血。

破裂性出血可以发生在心脏、动脉、静脉和毛细血管的任何部分。引起破裂性出血的病因有刺伤、咬伤、炎症、肿瘤、溃疡、坏死、动脉瘤、动脉硬化、静脉曲张等病变。渗出性出血是由于血管壁通透性升高,红细胞漏出血管壁外的一种出血,只发生于毛细血管、微静脉和微动脉。引起渗出性出血的病因很多,常见的有淤血和缺氧、感染和中毒、过敏反应、维生素C缺乏、血液性质的改变等。溢血指伴有组织破坏的不规则的弥漫性出血,常与组织碎片相混,如脑溢血。血液弥漫浸透于组织间隙,使出血的局部呈大片鲜红色或暗红色,称为出血性浸润。出血性浸润多发生于淤血时,如胃肠道、子宫等器官的变位。

五、血 栓

在活体的心脏、血管内流动着的血液成分发生凝集或凝固的过程,称为血栓形成,所形成的固体物称为血栓。

1. 病 因

血栓形成见于血管内膜损伤、血流状态的改变、血液性质的改变。

2. 类型及影响

白色血栓即血栓头部。红白相间、呈波纹状的为混合血栓,则构成血栓体部,混合血栓进一步增大并顺血流方向延伸,最后完全阻塞血管腔,导致血流停止,其后部血管腔内血液迅速凝固,形成红色血栓,则构成血栓尾部。微血栓是指在微循环血管内(主要指毛细血管、血窦及微静脉)形成的一种均质无结构并有玻璃样光泽的微型血栓。它是由纤维蛋白沉积和血小板凝集形成的均质透明的微小血栓,只能在显微镜下观察到。在一些败血性传染病(如炭疽、猪瘟)、机体自体中毒(如大面积烧伤)、药物过敏和异型输血过程中,常广泛出现于许多器官、组织的微循环血管内,可导致一系列病变和严重后果,这种变化称为弥散性血管内凝血(DIC)。血栓的结局见图1-2。

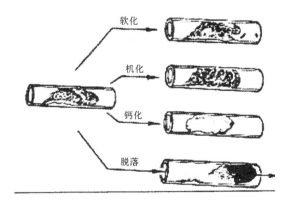

图 1-2 血栓的结局

六、栓 塞

循环血液中出现不溶于血液的物质,随血流运行阻塞血管腔的过程,称为栓塞。

引起栓塞的异常物质,称为栓子(图1-3)。依据栓子对机体综合危害程度的大小排列依次是:血栓性栓塞,空气性栓塞,脂肪性栓塞,组织性栓塞,细菌性栓塞,寄生虫性栓塞。

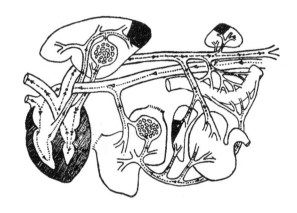

图1-3 栓子运行途径模式

七、梗 死

机体局部组织因动脉血流断绝所致组织坏死,称为梗死。

1. 病 因

任何病因所造成的局部组织缺血,在不能及时建立侧支循环的情况下,均可引起梗死。较为常见的是血管内血栓形成和栓塞,另一种是小动脉持续性痉挛或受外力压迫。

2. 类 型

贫血性梗死多发生于肾、心、脑等组织结构致密、侧支循环不丰富的实质器官。这种梗死灶呈灰白色或黄白色,故又称为白色梗死。梗死灶的形态与阻塞动脉管分布的区域一致。如肾贫血性梗死灶多呈锥体形,其锥底为肾表面,尖端朝向血管堵塞部位,切面为扇形或楔形(图 1-4)。脾脏、肺脏的血管分支也呈圆锥形分布,故其梗死灶也呈锥体形。肠系膜血管分布呈扇形,故肠梗死灶呈节段状。心脏的贫血性梗死灶形状不规则。脑组织梗死灶常呈液化性坏死。肾贫血性梗死灶稍隆起于器官表面,略微干燥、硬固,为灰白色不正圆形,与周围组织界限明显。因坏死组织刺激周围血管发生扩张充血、出血和白细胞游出等,在梗死灶周围与正常组织交界处形成一条充血、出血及白细胞浸润的炎性反应带,通常称为分界性炎。

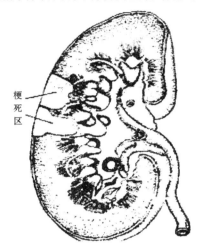

梗死区

图 1-4 肾贫血性梗死

出血性梗死多见于组织疏松、血管吻合枝丰富的组织、器官,如肺、脾、肠管等。由于眼观呈暗红或紫红色,故又称为红色梗死。红色梗死灶与周围组织界限不如白色梗死灶明显,其他病变同白色梗死灶。

八、水 肿

组织间液在组织间隙内蓄积过多,称为水肿。

1. 肺 水 肿

左心功能不全引起肺水肿,眼观体积增大,重量增加,质地变实,肺胸膜紧张而有光泽,肺表面因高度淤血而呈暗红色。肺间质增宽,尤其是猪的肺脏,因富有间质,故增宽尤为明显,肺切面呈紫红色,从支气管和细支气管内流出大量白色泡沫状液体。右心功能不全(充血性心力衰竭)可引起全身水肿。水肿通常出现于身体下垂部或皮下组织比较疏松处,皮肤水肿指压遗留压痕,称为凹陷性水肿。外观皮肤肿胀,颜色变浅,失去弹性,触之质如面团。切开皮肤有大量浅黄色液体流出,皮下组织呈淡黄色胶冻状。严重时也可出现胸水和腹水等。

2. 肾性水肿

肾病综合征、急性肾小球肾炎和肾功能不全等都可发生水肿。肾性水肿属全身性水肿,以机体组织疏松部位表现明显,严重的病例也出现胸水和腹水。

3. 肝水肿

许多严重的肝病特别是肝硬变可引起肝功能不全,导致全身性水肿,常表现为腹水增多。

4. 营养不良性水肿

亦称恶病质性水肿,在发生慢性消耗性疾病(如严重的寄生虫病、慢性消化道疾病、恶性肿瘤等)和营养不良(缺乏蛋白性饲料或其他某些物质)时,机体缺乏蛋白质,造成低蛋白血症,引起血浆胶体渗透压降低而组织渗透压相对较高,导致水肿的发生。

5. 脑水肿

脑组织内液体量增多而致脑容量增大,称为脑水肿。眼观可见软脑膜充血,脑回变宽而扁平,脑沟变浅。脉络丛血管常淤血,脑室扩张,脑脊液增多。

6. 淤血性水肿

淤血性水肿的发生与淤血范围相一致。主要是由于静脉回流受阻导致毛细血管流体静压升高所引起。此外,淤血导致缺氧、代谢产物堆积、酸中毒,可进一步引起毛细血管通透性升高和细胞间液渗透压升高,也可促进水肿的发生。

7. 炎性水肿

炎症过程中,由于淤血、淤滞、炎症介质、组织坏死崩解产物等诸多因素的综合作用,导致炎区毛细血管流体静压升高、毛细血管通透性升高、局部组织间液胶体渗透压升高、淋巴回流障碍而引起水肿。

九、脱 水

机体在某些情况下,由于水的摄入不足或丧失过多,以致体液总量减少的现象,称为脱水。

1. 高渗性脱水

高渗性脱水以失水为主,而盐类丧失较少,失水大于失钠,又称缺水性脱水或单纯性脱水。其病理特点是:血浆渗透压升高,细胞皱缩。在临床上患病猪出现口渴、尿少和尿液密度增加、细胞脱水、皮肤皱缩等症状(图1-5)。

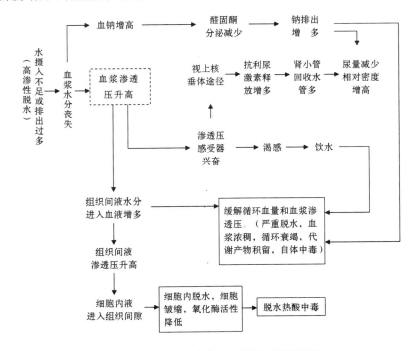

图 1-5 高渗性脱水发展过程及对机体影响

发生病因主要由于饮水不足和低渗性体液丢失过多所致。饮水不足可见于因咽

部发炎、食道阻塞、昏迷以及破伤风所引起的牙关紧闭而致饮水障碍等情况。失水过多常见于呕吐、腹泻、胃扩张、肠梗阻等疾病，引起大量低渗性消化液丧失。如肠炎时，由于在短时间内排出大量的低渗性水样便，易造成机体失水多于失钠；换气过度，导致大量水分随体液和呼吸运动而丢失。高热病畜通过皮肤出汗和呼吸蒸发，也会丧失大量低渗性体液。

2. 低渗性脱水

低渗性脱水又称缺盐性脱水，失钠大于失水，是指盐类的丢失多于水分丧失的一类脱水。其病理特点是：血浆渗透压降低，血浆容量及组织间液减少，血液浓稠，细胞水肿。临床上患畜无口渴感，早期出现尿量较多，尿液密度降低，后期易发生低血容量性休克（图 1-6）。

最常见的病因是腹泻、剧痛、大量出汗、呕吐、大面积烧伤、中暑和过劳等引起体液大量丧失后，只补充水分或输葡萄糖溶液，忽略了电解质的补充，使血浆和组织间液的钠含量减少，使其渗透压降低。长期连续给予速尿、利尿酸、氯噻嗪类等抑制肾小管对钠重吸收作用的利尿剂，同时限制钠盐的摄入时，常可引起明显的低渗性脱水。

3. 等渗性脱水

等渗性脱水又称混合性脱水，是指体内水分和盐类大致按相等比例丧失，失水与失钠的比例大体相等，血浆渗透压基本未变的一类脱水。其病理特点是：血浆渗透压保持不变，水的丧失比钠盐稍多一些（图 1-7）。

病因多见于急性肠炎、剧烈而持续性腹痛及大面积烧伤等疾病。如急性肠炎时，由于肠液分泌增多，吸收障碍和严重的腹泻；剧烈而持续性腹痛（肠变位、肠扭转等）时，因大量出汗，肠液分泌增多和大量血浆漏入腹腔；大量胸水和腹水形成也可导致等渗性体液丢失；大面积烧伤时，大量血浆成分从创面渗出等。上述这些病变，均可使肌体内的水和盐大量丧失，从而引起等渗性脱水。由于消化液和汗液偏于低渗，所以此型脱水时，水的丢失略多些。此外，中暑、过劳等使猪大量出汗，亦可导致等渗性脱水。

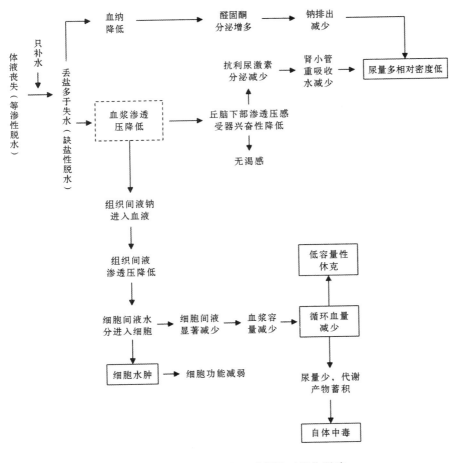

图 1-6 低渗性脱水发展过程及对机体影响

4. 补液原则

高渗性脱水以失水为主,兽医临床上常用 2 份 5% 葡萄糖溶液加 1 份生理盐水进行治疗。低渗性脱水以失钠为主,临床上常用 2 份生理盐水加 1 份 5% 葡萄糖溶液输液,严重时可改换生理盐水为高渗盐水,若单纯输注葡萄糖溶液可能引起水中毒。等渗性脱水时水、钠等比例丧失,临床上常用 1 份 5% 葡萄糖溶液加 1 份生理盐水来治疗。

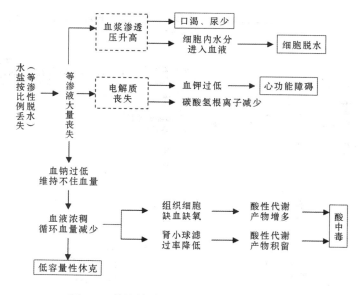

图 1-7 等渗性脱水发展过程及对机体影响

输液量可参考下列标准:患畜精神好转,脱水症状减轻或消失,脉搏、呼吸次数和尿量恢复正常,眼结膜由蓝紫色恢复正常色彩,实验室检查血清钠浓度、红细胞压积趋于正常。

十、酸 中 毒

血液的 pH 值低于 7.35 时,机体可出现酸中毒(acidosis);如果 pH 值降至 6.8 以下,则出现严重的酸中毒。酸中毒可分为代谢性酸中毒和呼吸性酸中毒。

1. 代谢性酸中毒

由于机体内固定酸生成过多或碳酸钠大量丧失而引起血浆中碱储减少,称为代谢性酸中毒,它是临床上酸碱平衡失调最常见的一种类型。在许多内科病和传染病过程中,由于发热、缺氧、血液循环障碍或病原微生物及其毒素的作用,体内的糖、脂肪和蛋白质的分解代谢加强,引起乳酸、酮体、氨基酸等酸性物质生成过多并大量储积于体内,从而导致血浆 pH 值下降。急性肠炎和肠阻塞等疾病,由于肠液分泌加强,吸收障碍,使大量碱性物质丧失过多,酸性物质相对地增多。肾功能不全时,常易发生酸性物质的排出障碍。例如,急性或慢性肾功能不全时,体内许多酸性代谢产物如磷酸、硫酸等均不能经肾脏排出而潴留于体内,成为引起代谢性酸中毒的主要病因。口服过量的氯化铵、氯化钙等酸性盐类药物时,也可引起酸中毒。

在发生代偿性酸中毒时,血液中增高的氢离子浓度对机体各系统特别是循环系统影响较大。酸中毒不仅能使心肌收缩减弱(氢离子增多可竞争性抑制钙离子和肌钙蛋白结合,从而抑制心肌的兴奋-收缩偶联过程),使心肌弛缓,心输出量减少;降低心肌发生心室颤动的阈值,导致心脏传导阻滞和心室颤动。氢离子还可降低外周血管对儿茶酚胺的反应性,使其扩张而血压下降;促进肺血管和支气管收缩,引起明显的代谢紊乱;中枢神经系统可因此而发生高度抑制,继之昏迷,最后多因呼吸中枢和血管运动中枢麻痹而死亡。

2. 呼吸性酸中毒

当机体呼吸功能发生障碍,使体内生成的二氧化碳排出受阻,或由于某些病因使二氧化碳吸入过多,从而引起血液中碳酸浓度原发性增高而产生高碳酸血症,称之为呼吸性酸中毒。

脑炎、脑损伤麻醉剂过量、脑肿瘤等疾病,可使呼吸中枢受到抑制而导致肺通气不足或呼吸停止,二氧化碳在体内潴留。有机磷中毒、严重肌无力和高位脊髓损伤等疾病,常可引起呼吸肌麻痹,使呼吸运动失去动力,以致二氧化碳排出障碍而发生呼吸性酸中毒。胸廓疾病、胸部创伤、胸膜腔积液等,均能严重地影响通气功能而引起呼吸性酸中毒。肿瘤压迫、喉头水肿、异物堵塞气管以及慢性支气管炎时,都可以引起急性或慢性呼吸性酸中毒。较广泛的肺组织病变,如肺水肿、肺气肿、大面积的肺萎缩或肺组织广泛性纤维化以及肺炎等疾病,都能因通气障碍或肺泡通气与血流比例失调而引起呼吸性酸中毒。心功能不全时,由于全身性淤血,二氧化碳的运输和排出受阻,故可使血中碳酸浓度升高,导致呼吸性酸中毒的发生。当厩舍过小、通风不良或畜群过于拥挤时,常因空气中二氧化碳含量过高,使病畜吸入过量的二氧化碳,导致血浆中碳酸浓度升高,发生酸中毒。

不同的是呼吸性酸中毒有高碳酸血症,高浓度的二氧化碳可使脑血管扩张,颅内压升高,导致患病猪精神沉郁和疲乏无力。若二氧化碳含量不断升高,脑血管更扩张,则可引起脑水肿,致使病畜昏迷。在急性呼吸性酸中毒或慢性呼吸性酸中毒急性发作时,钾离子往往从细胞内移向细胞外,使血钾浓度急剧升高,常可引起心室颤动,导致患病猪急速死亡。

两种类型酸中毒比较见图1-8。

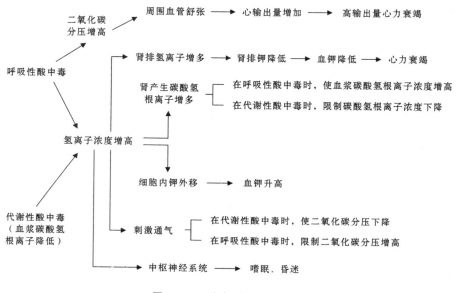

图 1-8　两种类型酸中毒比较

十一、碱 中 毒

血液的pH值超过7.45时,可发生碱中毒。pH值在7.5以上时,则出现严重碱中毒。

1. 代谢性碱中毒

因碱性物质摄入过多或固定酸大量丢失使血浆中碳酸氢钠原发性增加,使碳酸氢钠/碳酸的比值变大,pH值增高,称为代谢性碱中毒。在急性胃肠炎时,由于严重的呕吐,导致酸性胃液大量丢失,使血浆中氯离子减少,原来与氯离子结合的钠离子则相对增多,钠离子再与碳酸氢根离子结合成碳酸氢钠而引起碱中毒。另外,当大量胃酸丢失后,肠道消化液中的碳酸氢钠不能被胃酸中和而被吸收入血,这也是碱中毒的重要病因之一。在治疗某些疾病时,应用大量的碱性物质也可引起碱中毒。当血钾过低时,一方面可使肾小管排钾减少,排氢离子增多,导致血浆中碳酸氢根离子增多;另一方面,细胞内的钾离子和细胞外的钠离子、氢离子互换转移,结果导致细胞内的酸中毒和细胞外的碱中毒。病畜出现精神沉郁、昏睡甚至昏迷;碱中毒时,血浆中游离钙转变为结合钙,导致神经-肌肉的兴奋性增强,病畜出现反射亢进和肌肉抽搐;碱中毒可引起低血钾和低血氯。

2. 呼吸性碱中毒

由于肺换气过度,使体内二氧化碳排出过多,血浆中碳酸含量降低,碳酸氢钠/碳酸比值变大,pH值增高,称为呼吸性碱中毒。脑炎、脑膜炎等疾病初期,呼吸中枢兴奋性增高,呼吸加深加快,肺泡换气过度,呼出大量二氧化碳,使血浆碳酸含量明显降低,导致呼吸性碱中毒。某些药物如水杨酸钠中毒时,也可兴奋呼吸中枢,导致二氧化碳排出过多。高原地区大气中氧分压低,机体缺氧,导致呼吸加深加快。外界环境温度过高或机体发热,由于物质代谢亢进,产热增多,加之高血温的直接作用,可引起呼吸中枢兴奋性升高,病畜处于兴奋状态;在碱性环境中,血浆中游离钙减少,病畜神经肌肉的应激性增高,表现反射活动亢进,抽搐甚至痉挛,最后昏迷。

酸、碱中毒的特点见表1-1。

表 1-1　4 型酸、碱平衡障碍的病因及变化特点

发病环节	代谢性酸中毒	呼吸性酸中毒	代谢性碱中毒	呼吸性碱中毒
	碳酸氢钠↓	碳酸↑	碳酸氢钠↑	碳酸↓
	碳酸氢钠/碳酸比值小于 20/1		碳酸氢钠/碳酸比值大于 20/1	
pH 值	降低或正常(代偿性)		升高或正常(代偿性)	
二氧化碳分压	↓	↑	↑	↓
二氧化碳结合率	↓	↑	↑	↓
尿	酸　性	酸　性	碱　性	碱　性
呼　吸	加深加快	功能障碍	变浅变慢	功能障碍

续表 1-1

血　钾	可能↑	可能↑	可能↓	可能↓
血　氯	可能↑	—	可能↓	—
血　钙	—	—	↓	↓

十二、变　性

细胞或间质内出现一些异常物质或正常物质数量过多或某些物质的部位异常,称为变性。

1. 细胞肿胀

细胞肿胀是指细胞内水分增多,胞质内出现微细颗粒或大小不等的水泡。是一种常见的较轻的细胞变性,多发生于代谢旺盛、线粒体丰富的器官,如肝细胞、肾小管上皮细胞和心肌细胞等实质细胞,也可见于皮肤和黏膜的被覆上皮细胞。缺氧、感染、发热和中毒等致病因素均可引起细胞肿胀。眼观发生细胞肿胀的器官体积肿大,被膜紧张,切面隆起,质脆易碎,色泽变淡,呈灰白色而无光泽,似沸水烫过一样。细胞肿胀是一种可复性损伤,在病因消除后,功能结构均可逐渐恢复正常;但如病因持续作用,病变可进一步发展,形成脂肪变性甚至坏死。发生细胞肿胀器官的生理功能有不同程度的降低。

2. 脂肪变性

脂肪变性是指细胞胞浆内出现脂滴或脂小滴增多。常发生于肝、肾、心等实质器官的细胞,其中尤以肝细胞脂肪变性最为常见。引起脂肪变性的病因有感染、中毒(如磷、砷、四氯化碳、氯仿和真菌毒素等)、发热、缺氧(如贫血和慢性淤血)、饥饿和缺乏必需的营养物质等。脂肪变性的器官眼观体积肿大,被膜紧张,边缘钝圆,色泽变黄,切面隆起,质地脆软。肝脏发生慢性淤血和脂变,其切面呈红黄相间的状如槟榔样花纹,又称槟榔肝。脂肪变性是一种可复性病理过程,其损伤虽较细胞肿胀重,但在病因消除后,细胞的功能和结构通常仍可恢复正常。严重的脂肪变性可发展为坏死。发生脂变的器官,其生理功能降低,如肝脏脂肪变性可导致糖原合成和解毒能力降低,心肌脂肪变性会引起心肌收缩力减弱。

3. 透明变性

透明变性又称玻璃样变,是指在组织间质内(如网状纤维和胶原纤维)或细胞内(如肾小管上皮细胞和肝细胞)出现一种半透明、无结构的蛋白质样物质。血管壁透明变性通常只见于小动脉管壁。纤维组织透明变性常见于纤维化的肾小球、疤痕组织和硬性纤维瘤等。眼观透明变性的结缔组织颜色灰白,半透明状,质地坚韧致密,缺乏弹性,均匀一致,无结构。细胞内透明变性又称细胞内透明滴状变。常见于慢性肾小球肾炎时。光镜下可见肾小管上皮细胞的胞质内出现均质红染无结构的圆球状物,称为透明蛋白小滴。这种病变常见于肾小球性肾炎,肾小管上皮细胞的胞质内可出现许多大小不等的圆形红染小滴。轻度的透明变性可以吸收,组织恢复正常。但透明变性的组织容易发生钙盐沉着,引起组织硬化。小动脉发生透明变性,管壁增厚,管腔狭窄甚至闭塞,可导致局部组织缺血和坏死。纤维组织透明变性,可使组织变硬,失去弹性,引起不同程度的功能障碍。

十三、坏 死

在活体内局部组织和细胞的死亡,称为坏死。

1. 凝固性坏死

(1)蜡样坏死 是肌肉组织发生的凝固性坏死。眼观坏死的肌组织混浊、干燥,呈灰红色或灰白色,似石蜡样;光镜下见肌纤维肿胀,胞核溶解,横纹消失,胞质变成红染、均匀无结构的玻璃样物质,有的还可发生断裂。这种坏死常见于白肌病、口蹄疫的心肌和骨骼肌。

(2)干酪样坏死 见于结核杆菌引起的坏死,其特征是坏死组织崩解彻底,并含有较多脂质(主要来自结核杆菌)。眼观色灰黄,质较松软易碎,外观如食用的干酪,因而又称为干酪样坏死。光镜下,组织的固有结构完全破坏,实质细胞和间质都彻底崩解,融合成一片伊红深染的颗粒状物质。

2. 液化性坏死

液化性坏死以坏死组织迅速溶解成液状为特征,主要发生于含磷脂和水分多而蛋白质较少的脑组织。眼观坏死组织为豆腐脑状软化灶,以后可完全溶解液化呈液状。光镜下见神经组织液化形成镂空筛网状软化灶,或进一步分解为液体。

3. 坏 疽

坏疽是组织坏死后受到外界环境影响和感染不同程度的腐败菌所引起的一种黑色特殊病变。坏疽眼观呈黑褐色或黑色,这是由于腐败菌分解坏死组织产生的硫化氢与血红蛋白中崩解出来的铁结合,形成黑色的硫化铁的结果。

(1)干性坏疽 多发生于体表皮肤,尤其是四肢末端、耳壳边缘和尾尖。坏疽部干涸皱缩,呈黑褐色,与相邻健康组织之间有明显的界线。

(2)湿性坏疽 多发生于与外界相通的内脏器官(如肺、肠、子宫),也可发生于皮肤(坏死同时伴有淤血、水肿)。由于坏死组织含水分较多,有利于腐败菌生长繁殖,使坏死组织被腐败分解而形成湿性坏疽。眼观坏疽为污灰色、暗绿色或黑色的糊粥样,甚至完全液化;由于腐败菌分解蛋白质产生吲哚、尸胺、粪臭素等可发出恶臭气味;湿性坏疽发展较快并向周围组织蔓延,故坏疽区与健康组织之间的分界不明显。同时,一些腐败分解的毒性产物和细菌毒素被吸收,可引起严重的全身中毒。湿性坏疽可见于坏疽性肺炎、坏疽性乳腺炎、腐败性子宫内膜炎和肠变位继发的肠坏疽等。

(3)气性坏疽 是一种特殊形式的湿性坏疽。主要见于深部创伤感染了厌气菌(如恶性水肿杆菌、产气荚膜杆菌等)时,这些细菌在分解坏死组织过程中产生大量(氮气、氢气、二氧化碳等)气体,形成气泡,使坏疽区呈蜂窝状、污棕黑色,触之有捻发音。患部切开能流出多量的带酸臭气味并混有气泡的混浊液体,气体坏疽发展迅速,其毒性产物吸收后可引起全身中毒,导致猪急性死亡。

十四、病理性肥大

在疾病过程中,为实现某种功能代偿而引起相应组织或器官的肥大,称为病理性肥大或代偿性肥大。

病理性肥大有真性肥大和假性肥大之分。真性肥大是指组织、器官的实质细胞体积增大而引起的肥大,在功能和结构上具有代偿作用,其代谢及功能都明显增强。假性肥大是指组织、器官由于间质填充性增生而发生的体积增大。此时,组织器官的实质细胞往往发生萎缩,故假性肥大可使组织器官的功能降低。如长期休闲而营养过剩的役畜其役用能力很差,剖检除可见到明显堆积的体脂外,还可见大量的脂肪蓄积在心脏的冠状沟和纵沟上。同时,心肌纤维之间也有大量的脂肪组织填充性浸润,而心肌纤维变细,心脏色泽变淡,虽眼观心脏体积增大,重量增加,但功能却降低,容易发生急性心力衰竭。

十五、化　生

化生是指已分化成熟的组织在环境条件和功能要求改变的情况下,完全改变其功能和形态特征,转化为另一种组织的过程。

1. 类　型

根据化生发生的过程不同,化生可分为鳞状上皮化生与结缔组织化生两类。

鳞状上皮化生:多见于气管和支气管。此处黏膜长时间受到刺激性气体刺激或慢性炎症的损伤,黏膜上皮反复再生,此时可出现化生。如慢性支气管炎或支气管扩张症时,支气管黏膜的柱状纤毛上皮化生为鳞状上皮;肾盂结石时,肾盂黏膜的移行上皮化生为鳞状上皮。

结缔组织化生:结缔组织可化生为骨、软骨或脂肪组织等。

2. 影　响

组织化生后虽然能增强局部组织对某些刺激的抵抗力,但其却丧失了原有组织的功能,例如,支气管黏膜的鳞状上皮化生,由于丧失了黏液分泌和纤毛细胞,反而削弱了支气管的防御功能,易于发生感染。更有甚者,诱发组织化生的刺激因子如长期存在,可能引起局部组织发生癌变。

十六、病理性再生

病理性再生是指当致病因素引起细胞死亡和组织破坏后所发生的一系列修复损

伤的再生。

1. 类 型

如果再生的组织在结构和功能上与原来的组织完全相同,称为完全再生。如果组织坏死后不能完全由原组织的细胞再生,而是由结缔组织增生来填补,随后形成瘢痕,以致不能恢复原组织的结构和功能,称为不完全再生。

2. 影 响

再生能力较强的组织是结缔组织细胞、小血管、淋巴造血组织的一些细胞、表皮、黏膜、骨、周围神经、肝细胞及某些其他腺上皮等,再生能力较强,损伤后一般能够完全再生。但是如果损伤很严重,则上述大多数组织将部分以瘢痕修复。再生能力较弱的组织是平滑肌、横纹肌等,而心肌的再生能力更弱,缺损后基本上为瘢痕修复。缺乏再生能力的组织是神经细胞,在出生后缺乏再生能力,缺损后由神经胶质细胞再生来修复,形成胶质细胞。

十七、机 化

坏死组织、炎性渗出物、血凝块和血栓等病理产物被新生的肉芽组织取代的过程,称为机化。

1. 病理变化

当胸腹膜、心外膜或肺脏发生纤维素性炎时,渗出的纤维素往往不能被溶解吸收,而被新生的肉芽组织所取代,使浆膜呈结缔组织性肥厚,有的呈现纤维性绒毛状(如创伤性心包炎时形成的"绒毛心")。如果在相邻的两层浆膜之间发生机化,则可造成浆膜腔的粘连或闭锁。在发生纤维素性肺炎时,肺泡内的纤维素被机化,使结缔组织充塞于肺泡,肺组织变实,质地如肉,称为肉变。肉变区肺组织的呼吸功能丧失。

2. 影 响

小范围的凝固性坏死灶可被肉芽组织取代,局部形成瘢痕。如果坏死组织范围较大,则先在其周围形成肉芽组织包囊,而后逐步进行机化。包囊中的坏死物质会逐渐变干并常有钙盐沉着。当组织发生液化性坏死时,如脑的软化灶,其周围形成神经胶质或结缔组织性包囊。软化灶内坏死物质被吸收后,组织液渗入,形成一个内含澄清液体的小囊。

十八、病理性钙化

除骨和牙齿外,在机体的其他组织发生钙盐沉着的现象,称为病理性钙化。沉着的钙盐主要是磷酸钙,其次是碳酸钙。

1. 类　型

钙化可分为营养不良性钙化和转移性钙化两种。

（1）营养不良性钙化　是指钙盐沉着在变性、坏死组织或病理产物中。包括各种类型的坏死组织,如结核病干酪样坏死、脂肪坏死、梗死、干涸的脓液、陈旧的血栓等;玻璃样变或黏液样变的组织,如玻璃样变或黏液样变的结缔组织、白肌病的肌纤维;血栓、死亡的寄生虫(虫体、虫卵)和细菌菌团、其他异物等。主要发生在局部组织变性坏死的基础上。由于局部组织的理化环境改变而使血液中钙、磷离子发生沉积。后者发生在高血钙的基础上。当血液中钙离子浓度升高时,钙盐可沉积在多处健康的器官与组织中。

（2）转移性钙化　是由于全身性的钙、磷代谢障碍,血钙和（或）血磷含量增高,钙盐沉着在机体多处健康组织中所致。钙盐沉着的部位多见于肺脏、肾脏、胃黏膜和动脉管壁。

2. 病理变化

无论营养不良性钙化还是转移性钙化,其病理变化基本相同,早期病变或钙盐沉着很少时肉眼很难辨认,在光镜下才能识别。若钙盐沉着较多,范围较大,通常肉眼即可见到。在钙化的组织出现白色、石灰样、坚硬的颗粒或团块,刀切时发出磨砂声,甚至不易切开,硬切可使刀口转卷、缺裂。少量的钙化物有时可被溶解吸收,如小鼻疽结节或寄生虫结节的钙化。若钙化灶较大,或钙化物较多,则难完全溶解吸收,这种病理性钙化灶是机体的一种异物,能刺激周围的纤维组织增生,并将其包裹起来。

十九、炎 症

炎症是机体对各种致炎因子引起的损伤,所产生的以防御为主的综合反应,是常见的病理过程。

1. 病 因

凡能引起组织损伤的致病因素都可成为炎症的病因,生物性因素是最常见的致炎因素,包括各种病原微生物(病毒、细菌、霉形体和真菌等)、寄生虫等。此外,还有各种有毒动物的毒液、有毒植物的浆液。外源性化学物质如强酸、强碱、刺激性药物、腐蚀剂、毒物和腐败饲料等。内源性化学物质如组织坏死崩解产物、某些病理条件下体内堆积的代谢产物(尿素等),在其蓄积和吸收的部位也常引起炎症。一些有毒物质接触或排泄的部位导致组织不同程度的损伤而引起炎症,如霉变饲料可引起猪胃肠炎。高温、低温、X 射线、红外线及紫外线等均可造成组织损伤引起炎症。这些因素作为原始病因其作用往往短暂,炎症的发生多是因其损伤组织而造成的后果。疾病过程中的病理产物、肿瘤或坏死组织的分解产物(组胺、激肽、溶酶等),某些疾病中的代谢产物(尿素、胆酸盐等)及体内分泌物的溢出(汗液、皮脂等),体内免疫产物的沉积及免疫功能紊乱等均可引起炎症。

机体的免疫状态、营养状态、内分泌系统功能状态等对生物性致炎因素和抗原物质而言,免疫状态起着决定性作用。

2. 病理过程

主要表现为局部组织损伤、血管反应、细胞增生三个方面的变化,其中血管反应(血液动力学改变、血管通透性升高、白细胞渗出和吞噬作用加强等)是炎症过程的中心环节(图 1-9)。炎症局部反应严重时可影响整体,产生不同程度的发热、血液成分改变和防御功能改变等全身性反应。体表急性炎症可以发生红、肿、热、痛和功能障碍等病理变化。

炎性水肿液称为渗出液,而非炎性水肿液称为漏出液,两者成分性质不同(表 1-2),

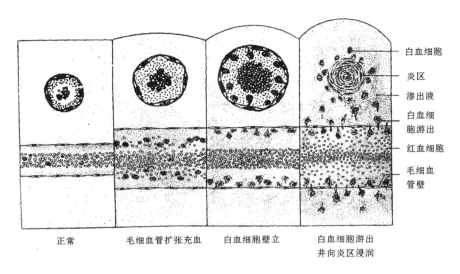

白血细胞

炎区

渗出液

白血细胞游出

红血细胞

毛细血管壁

正常　　　　毛细血管扩张充血　　　白血细胞壁立　　　白血细胞游出
　　　　　　　　　　　　　　　　　　　　　　　　　并向炎区浸润

图 1-9　炎症渗出和出血示意图

根据水肿液的性质可以帮助诊断是否为炎症。

表 1-2　渗出液与漏出液的比较

渗 出 液	漏 出 液
1. 混浊	1. 澄清
2. 浓厚,含有组织碎片	2. 稀薄,不含组织碎片
3. 比重在 1.018 以上	3. 比重在 1.015 以下
4. 蛋白质含量高,超过 4%	4. 蛋白质含量低于 3%
5. 在活体内外均凝固	5. 不凝固,只含少量纤维蛋白质
6. 细胞含量多	6. 细胞含量少
7. 与炎症有关	7. 与炎症无关

二十、败 血 症

　　败血症是指病原微生物侵入血流并持续存在、大量繁殖,产生毒素,引起机体严重物质代谢障碍和生理功能紊乱,呈现全身中毒症状并发生相应的形态学变化。此时病原微生物的损伤作用占据明显优势,而机体防御能力濒于瓦解。

1. 病理变化

死于败血症的病猪,除炎症局部的病理变化外,常发现周围组织的淋巴管炎和静脉炎,并进一步引起淋巴通道上的淋巴结炎。病原微生物通过淋巴道和血道向全身播散而引起全身性病变。败血症全身性病变的主要表现是:尸僵不全,血液凝固不良,常发生溶血现象;皮肤、皮下黏膜、浆膜、实质器官可见多发性出血点或出血斑;脾脏和全身各处的淋巴结呈淤血、出血、水肿;肾上腺变性、出血。

化脓菌引起的败血症称为脓毒败血症。除具有败血症的一般性病理变化外,突出病变为器官的多发性脓肿,后者通常较小,比较均匀地散布在器官中。

2. 影　响

败血症的发生标志着炎症局部病理过程的全身化,如治疗不及时或全身性病变严重,往往引起机体死亡。

二十一、发　热

发热是机体在多种疾病过程中,因受到致热原的刺激引起体温调节功能发生改变,致使体温升高的病理过程(图 1-10)。其表现为产热和散热功能紊乱,产热增多,散热减少,从而使体温升高,并伴有机体各器官、组织的代谢、功能变化。但发热不是独立的疾病,是多种疾病过程中经常出现的一种基本病理过程或常见临床症状。发热可相对地划分为增热期、热极期和退热期 3 个阶段(图 1-11)。

1. 病　因

传染性致热原发热是由细菌、病毒、立克次体及原虫等病原体感染引起。非传染性致热原发热是由某些恶性肿瘤、大手术、大面积烧伤、辐射损伤、严重组织挫伤或其他组织梗死、变态反应、激素等引起。

2. 热　型

不同疾病引起的发热各具特殊的形式和较恒定的变化,所以通过检查体温可以发

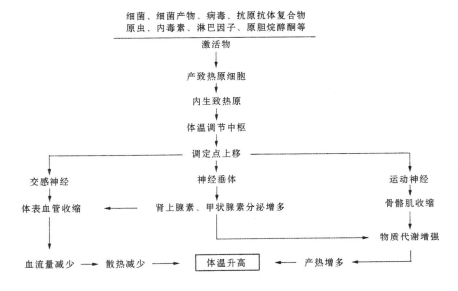

图 1-10　发热基本机制模式

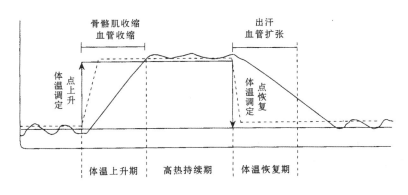

图 1-11　发热的发展过程

现疾病,通过体温曲线变化及特点的分析,常作为诊断疾病的依据。

（1）稽留热　是体温较稳定地持续处于高水平上,一昼夜间的体温变动范围不超过 1℃（图 1-12）,常见于猪瘟、大叶性肺炎等。

（2）弛张热　是体温升高后在一昼夜的摆动幅度在 1℃ 以上,而其低点没有达到正常水平（图 1-12）,常见于败血症、化脓性炎症、小叶性肺炎等。

（3）间歇热　是发热期和无热期较有规律地相互交替，但间歇时间较短而且重复出现（图1-12），常见于局部化脓性疾病等。

（4）回归热　是发热期和无热期间隔时间较长，并且发热期与无热期的出现时间大致相同（图1-12），常见于亚急性和慢性病毒性疾病。

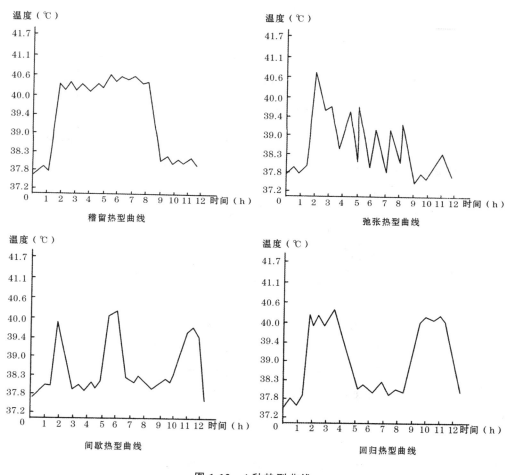

图 1-12　4 种热型曲线

3. 生物学意义

发热是猪机体在长期进化过程中获得的一种以抗损伤为主的防御适应反应。一般认为,中度发热能提高机体的抵抗力,此时,单核巨噬细胞系统功能提高,吞噬能力增强,抗体生成活跃,肝脏解毒能力增强。发热时肝脏和脾脏的单核巨噬细胞摄取铁增加,肠道吸收铁减少,使循环血液中铁含量下降,从而抑制病原微生物在体内的生长、繁殖。发热还能使微生物扣留足够量铁的能力减弱。这些都有助于机体消灭病原微生物以对抗感染。但长时间的发热,特别是持续高热,可使机体分解代谢加强,营养物质过度消耗,消化功能紊乱,导致患病猪消瘦和抵抗力降低,尤其是过高温度能使中枢神经系统功能严重障碍而导致惊厥或昏迷,甚至危及生命。

4. 处理原则

临床对发热的处理原则:对低热而病因不明显的病例,不要急于解热,以免干扰热型和热程的表现,不利于疾病诊断,对过高热、持续发热,在治疗原发病的同时应采取退热措施,但高热不可骤退;加强对发热猪的护理,补充营养,纠正水、电解质和酸碱平衡的紊乱。

二十二、休　克

休克指机体受某些有害因素作用所发生的血液循环障碍,主要是微循环血液灌流不足,导致各重要器官代谢功能紊乱和结构损伤的一种全身性病理过程。典型临床表现是血压下降,脉搏频弱,皮肤湿冷,耳鼻及四肢末端发凉,可视黏膜苍白或发绀,尿量减少或无尿,精神沉郁,反应迟钝,重者昏迷。

1. 感染性休克

感染性休克指感染病原微生物引起的休克。常见于革兰氏阴性细菌感染,细菌内毒素起重要作用。近年发现革兰氏阳性菌感染率也在增加,严重感染可引起休克,如败血症性休克和内毒素性休克。

2. 过敏性休克

过敏性休克指某些变态反应原作用于机体后引起的Ⅰ型变态反应。常见于药物、血清制剂和疫苗注射产生的过敏反应。发作极快,病情危重。

3. 心源性休克

心源性休克指原发性心输出量急剧减少引起的休克。常见于大面积急性心肌梗死、急性心肌炎、严重心律失常、心包积液等。由于心脏泵血功能急剧降低,心输出量下降,有效循环血量和灌流量不足而引起。

4. 低血容量性休克

常见大量失血血容量减少,可引起失血性休克(图1-13),见于外伤、胃溃疡出血、内脏破裂出血及产后大出血、剧烈呕吐或腹泻、大量出汗等导致体液丢失,也可引起有效循环血量(血容量减少)的锐减,造成脱水性休克。大面积烧伤时可伴有伤口大量血浆丢失和水分通过烧伤的皮肤蒸发,引起烧伤性休克。

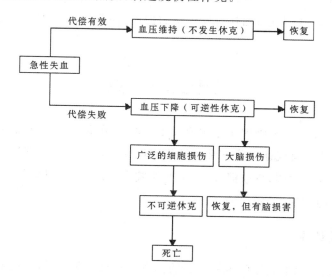

图 1-13　失血性休克的后果

5. 创伤性休克

严重创伤、骨折等,因疼痛、失血和组织损伤所致血管活性物质释放引起广泛小血管扩张,导致微循环缺血或淤血而发生休克。

6. 神经性休克

由于剧烈疼痛、高位脊髓麻醉或损伤等引起血管运动中枢抑制,血管扩张,外周阻力降低,回心血量减少,血压下降,可导致神经源性休克。

休克早期和休克期的综合临床表现见图 1-14、图 1-15。

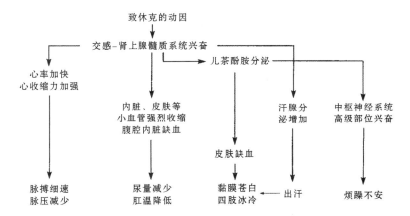

图 1-14 休克早期的主要临床表现

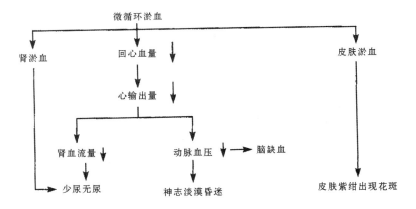

图 1-15 休克期的主要临床表现

二十三、黄　疸

由于胆色素形成过多或排出障碍,以致血中胆红素浓度增高,引起皮肤、黏膜、浆膜、巩膜及实质器官等被染成黄色的病理过程,称为黄疸。

1. 溶血性黄疸

溶血性黄疸是由于红细胞被大量破坏,胆红素生成过多,致使血液中间接胆红素含量升高,又称为肝前性黄疸(图 1-16)。在家畜常见于血液寄生虫病(如焦虫病、锥虫病、边虫病)、传染病(如马传染性贫血)、毒物中毒(如砷、磷)、毒蛇咬伤及免疫病(如新生幼畜溶血症)等。这些疾病都可使红细胞被大量破坏,胆红素生成过多,肝脏不能及时地把全部间接胆红素转化成直接胆红素,从而造成血液中间接胆红素含量增高,引起黄疸。发生溶血性黄疸时,血液中蓄积大量间接胆红素,因此胆红素定性试验呈间接反应阳性;粪、尿的色泽变深;同时,由于溶血而出现贫血和血红蛋白尿。

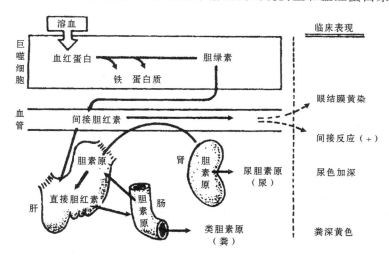

图 1-16　溶血性黄疸机制与临床表现

2. 实质性黄疸

实质性黄疸是由于肝脏处理胆红素的功能障碍,致使血液中直接胆红素和间接胆红素含量升高,又称为肝性黄疸(图1-17)。凡能引起肝细胞和毛细胆管损伤的各种因素,都可引起本病。常见于某些传染病(钩端螺旋体病、传染性胸膜肺炎)、化学药物(磺胺类药、四氯化碳)及饲料中毒(如黄曲霉毒素中毒)等,有时也见于蜂窝织炎、长期营养不良,缺乏胆碱、蛋氨酸和维生素 E,血液循环障碍,肝脏淤血以致肝细胞缺氧。

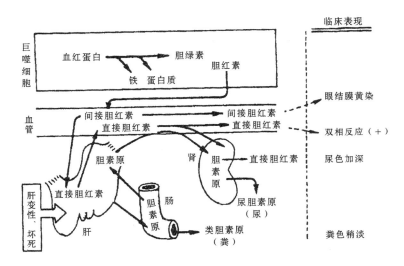

图 1-17　实质性黄疸机制与临床表现

3. 阻塞性黄疸

阻塞性黄疸是由于胆道阻塞,胆红素向肝外排泄障碍,致使血中直接胆红素含量增高,又称肝后性黄疸(图1-18)。此型黄疸常见于胆道结石、胆管受肿瘤或肿大淋巴结压迫、胆管或胆囊发生炎症或猪蛔虫阻塞胆道;此外,胆道系统的功能性障碍,如胆管及胆管通向十二指肠的出口处的括约肌痉挛性收缩,也都能造成胆汁的排出困难。这样使得阻塞部上方胆汁淤积,胆管内压增高,引起胆汁逆流,胆汁直接流入血窦或淋巴道,继而进入血液。此时血液中除含有大量直接胆红素外,还含有胆固醇、胆酸盐等胆汁的其他成分。发生阻塞性黄疸时尿液颜色加深,粪便颜色变淡,持续时间长还可能引起胆汁性肝硬变。

上述 3 类黄疸的主要区别见表1-3。

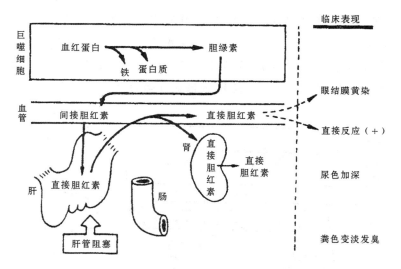

图 1-18　阻塞性黄疸机制与临床表现

表 1-3　3 类黄疸的区别

类　型	溶血性黄疸	实质性黄疸	阻塞性黄疸
基本发病机制	红细胞被大量破坏,形成间接胆红素超过肝脏的转化能力	大量肝细胞变性坏死,肝脏转化和排泄胆红素的功能下降	肝内外胆道阻塞,胆汁排出障碍
血中增多的胆红素	间接胆红素	间接与直接胆红素	直接胆红素
胆红素定性试验	间接反应阳性	双相反应阳性	直接反应阳性

4. 影　响

　　胆红素对机体的影响,主要是对神经系统的毒性作用,胆红素容易透过血脑屏障进入脑组织,与脑神经核的脂类结合,将神经核染成黄色,妨碍神经细胞的正常功能,往往导致猪死亡,这称为胆红素性脑病或核黄疸。

　　胆酸盐沉着于皮肤,可刺激感觉神经末梢引起皮肤瘙痒。胆酸盐还可通过对迷走神经的刺激,引起血压降低,心跳过缓。此外,大量直接胆红素和胆酸盐经肾脏排出,可引起肾小管上皮细胞变性、坏死而出现蛋白尿。

发生阻塞性黄疸时,由于胆汁进入肠道减少或缺乏,可影响肠内脂肪的消化吸收,造成脂类和脂溶性维生素的吸收障碍,并使肠道蠕动减弱,有利于肠内细菌的繁殖,使肠内容物加剧发酵和腐败,故粪便恶臭。

发生实质性黄疸时毛细胆管损伤,有部分胆汁流入血液,并由于肝细胞变性和坏死使肝解毒功能降低,往往伴发自体中毒。

二十四、肿　瘤

肿瘤是在某些致病因素的作用下,机体某一部分细胞在基因水平上失去对其生长的正常控制,导致异常增生而形成的与之不相协调的新生物。这种新生物一般形成局部肿块。

肿瘤的发生病因十分复杂,迄今了解比较多的主要是一些外界致瘤因素,如化学性致瘤因素、物理性致瘤因素、生物性致瘤因素和慢性刺激等,但猪机体的许多内因,如遗传性、猪品种、种类、年龄、内分泌状态等不同,对肿瘤发生也起着一定作用,有时甚至可起到决定性作用。

1. 生物性因素

生物性致癌因素主要包括病毒、寄生虫、霉菌及其毒素等,从目前的报道看,有关病毒在猪肿瘤的发生中具有非常重要的作用。霉菌及其毒素可以污染各种食物及饲料,危害很大,其中黄曲霉毒素、冰岛青霉毒素、镰刀菌毒素和某些菌株的白地霉等都有致癌或促癌作用。

2. 化学性因素

外界环境中存在着各种各样的化学致癌物质,特别是环境污染,导致化学性致癌物质愈来愈多,目前已确知具有致癌作用的大约有1 000多种,如天然或合成的多环碳氢化合物、氨基偶氮染料、芳香胺类、亚硝胺类,以及砷、铬、镍、镉、铅、锌、镁、锡等,这些化学物质许多与人和猪的某些自发肿瘤有关。它们有些是诱变剂,另一些则主要起促变作用。

3. 遗传因素

遗传因素并不导致肿瘤本身的遗传,而能在不同程度上决定宿主对致瘤因素的敏感性。

4. 年龄因素

肿瘤发生的年龄因素是很明显的,一般多发生于老龄猪,这与长期接触内外环境的致瘤因素有关。但有些肿瘤特别是有的肉瘤常见于年轻猪。

5. 性别因素

肿瘤与性别的关系有时是很密切的,这多半同激素的作用有关。激素在肿瘤发生上的作用包括两个方面:一是固有的性激素与肿瘤的好发器官有明显的相关性,二是内分泌紊乱与某些器官的肿瘤发生、发展有密切关系。

6. 种属因素

品种或品系不同,其肿瘤类型和发病率可以有很大差异。例如,日本引进的汉普夏、杜洛克猪与本地猪杂交,其后代易患黑色素瘤。

7. 免疫因素

机体具有免疫监视作用,能识别和清除机体中出现的突变细胞,因此免疫监视对肿瘤的生成有抑制作用。当先天性或后天性免疫监视功能不足,即有发生肿瘤的可能性。

总之,肿瘤的发生绝非单一因素的作用,可能是几种因素协同作用的结果。应避免只强调外因而忽视内因,只看到单一因素的作用而忽视多种因素综合作用的片面观点。只有这样才能正确认识肿瘤的病因,提出可靠的防治依据。

良性肿瘤的命名是在发生肿瘤的组织名称之后,加上一个"瘤"字。来源于上皮组织的恶性肿瘤统称为癌,即在其来源组织名称之后加一"癌"字。来源于间叶组织(包括结缔组织、脂肪、肌肉、血管、骨、软骨组织、淋巴及造血组织等)的恶性肿瘤,统称为肉瘤,即在其来源组织名称之后加"肉瘤"二字。若一个肿瘤中既有癌的结构,又有肉瘤的结构,则称为癌肉瘤。有些来源于胚胎细胞未成熟的组织及神经组织的恶性肿瘤,则称为成细胞瘤。有些恶性肿瘤成分复杂或组织来源尚有争议者,则冠以"恶性"二字,如恶性畸胎瘤;有些则冠以人名等。

二十五、贫　血

贫血是指循环血液总量减少或单位容积外周血液中血红蛋白量、红细胞总数低于正常值,并且有红细胞形态改变和运氧障碍的病理现象。猪的原发性贫血很少,多数是某些疾病的继发反应。因此,兽医临床上必须研究贫血真正的原因、分类以及贫血和其他疾病的关系,否则往往治疗无效。贫血仅是一个症状,不是独立的疾病,它往往是许多疾病的主导环节。长期贫血可以出现疲倦无力,生长发育迟缓,消瘦,毛发干枯,抵抗力下降等。

1. 类　型

贫血按其病因可分为四类。

(1)**失血性贫血**　最常见于各类外伤或肝脾破裂急性出血。另外,寄生虫病(内寄生虫如钩虫、胃虫、肝片吸虫等,外寄生虫如蜱、吸血虱和某些蚤类等)、出血性胃肠炎、消化道溃疡、体腔内肿瘤等,可造成长期轻微失血和持续性慢性贫血。红细胞大量丢失可造成失血性贫血。

①**急性失血性贫血**　短时间内血液总量减少,但单位容积的红细胞数和血红蛋白含量正常,经过一定的时间,血液总量暂时恢复,单位容积的红细胞数和血红蛋白含量低于正常值;再经过一定时间,外周血液中可见多量的网织红细胞、多染性红细胞和有核红细胞。

急性失血性贫血时,如血液大量丧失,机体来不及代偿,可导致低血容量性休克甚至死亡。如不出现危症,机体可以发挥代偿作用,血压降低,肝、脾、肌肉等储血器官内血管收缩,将排出的血补充到体循环;同时,组织液进入血管,也能补充体循环血量的不足,使血液总量暂时恢复,但血液被稀释,单位容积的红细胞数和血红蛋白含量低于正常范围,此时红细胞形态正常,呈正色素性贫血。急性失血时因红细胞总数锐减,导致缺氧,引起肾脏产生促红细胞生成酶,使肝脏产生的促红细胞生成素原,再转化为促红细胞生成素,增强骨髓造血功能,骨髓内发育各个阶段的红细胞增多,并出现在外周血液中。如果失血后铁供应不足,血红蛋白的合成比红细胞再生速度慢,外周血液中出现淡染红细胞(红细胞中心变淡,甚至透亮),细胞体积小,血红蛋白平均浓度低于正常,为低色素性贫血。

②慢性失血性贫血 初期由于失血量少,骨髓造血功能可以实现代偿,贫血症状不明显。但是长期反复失血,因铁丧失过多,导致缺铁性贫血。血象特点为小红细胞低色素性贫血。红细胞大小不均,并呈异形性(椭圆形、梨形、哑铃形等)。严重时,骨髓造血功能衰竭,肝、脾内可出现髓外造血灶。

(2)溶血性贫血 指各种疾病造成红细胞溶解,在体内破坏速度超过了骨髓的代偿能力引起的贫血。

钩端螺旋体病和溶血性梭菌感染是两种最常见的可以造成贫血的疾病。此外,溶血性链球菌、葡萄球菌等也可引起贫血。锥虫、焦虫、边虫、钩虫能引起红细胞大量破坏。高温、低渗溶液均能引起红细胞大量破坏。很多化学品都能使猪发生溶血性贫血,其中最常见的是铜、铅、皂苷和某些药物,如硝基呋喃妥因、九一四、非那西汀及磺胺等药超量使用时能够产生贫血。产后血红蛋白尿是常见的一种疾病,常发生水中毒,导致血液低渗,红细胞水肿、破裂而发生溶血和血红蛋白尿。自身免疫现象的临床特征是出现血液、皮肤、肾脏和关节的病变。肾脏主要发生肾小球性肾炎。关节为对称性关节炎。新生畜免疫溶血性疾病,见于仔猪,在出生后 12~96 小时出现溶血性贫血。

急性溶血性贫血时,大量释放血红蛋白,出现血红蛋白尿。同时,血中间接胆红素增多,在心血管内膜、浆膜、黏膜等部位呈现明显的溶血性黄疸。红细胞大量崩解,肝、脾等多个器官组织内,单核巨噬细胞系统功能增强。肝、脾明显肿大,并有含铁血黄素沉着。

(3)再生障碍性贫血 是由于物理作用、化学作用、中毒及某些疾病的继发反应,导致骨髓造血功能低下。见于白血病、淋巴瘤(肿瘤组织取代或干扰了骨髓正常造血组织)等疾病。

猪机体长期暴露于 α、γ、X 射线、镭或放射性同位素的辐射环境,可以造成选择性的骨髓功能不全。已经证明从三氯乙烯抽提的饲料、蕨类植物、50 多种化学药物(氯霉素、保泰松、抗癌药、某些抗生素、有机砷化合物)及最常见的苯及其衍生物类化学物质能造成再生障碍性贫血。某些病毒性传染病也能造成再生障碍性贫血。

血象特点是外周血液中正常的和网织红细胞呈进行性减少或消失,红细胞大小不均,并呈异形性。除了红细胞减少外,还有白细胞、血小板减少,皮肤、黏膜出血和感染等症状。骨髓造血组织发生脂肪变性和纤维化,红骨髓被黄骨髓取代。血清中铁和铁蛋白含量增高(区别于缺铁性贫血)。

(4)营养不良性贫血　是造血原料(铜、铁、钴、维生素 B_{12}、维生素 B_6、叶酸、蛋白质)缺乏或不足,红细胞生成不足造成的贫血。临床以营养性缺铁性贫血最为多见,广泛地存在于世界各地。

缺铁性贫血是指体内可用来制造血红蛋白的贮存铁被用尽,红细胞生成障碍所致的贫血。特点是骨髓、肝、脾及其他组织中缺乏可染色铁,血清铁蛋白浓度降低,血清铁浓度和血清转铁蛋白饱和度亦均降低,表现为小细胞低色素性贫血和巨幼红细胞性贫血。

营养不良性贫血一般病程较长,猪消瘦,血液稀薄,血红蛋白含量降低,血色淡。铁和铜缺乏时,血象特点是小红细胞低色素型贫血,红细胞平均体积及血红蛋白平均含量均降低。严重时,红细胞大小不均,并呈异形性。钴和维生素 B_{12} 缺乏时,由于红细胞成熟障碍,血象特点为大红细胞高色素型贫血,血红蛋白含量比正常高。

2. 影　响

(1)组织缺氧　毛细血管内的氧扩散压力过低,以致对距离较远的组织供氧不足。此外,血液总的携氧能力降低,输送至组织的氧因而减少,结果造成组织缺氧、酸中毒,各器官、组织随之出现细胞萎缩、变性、坏死。

(2)生理性代偿反应　即使在组织缺氧的情况下,血红蛋白中的氧实际上并未完全被释放和利用。身体能通过增加血红蛋白中氧的释放、增加心脏输出量和加速血液循环、血液总量的维持、器官和组织中血流重新分布、红细胞增多等发挥多种代偿机制,以便充分利用血红蛋白中的氧,使组织尽量获得更多的氧气。

二十六、免疫性疾病

1. 变态反应

变态反应指免疫应答引起的病变和疾病。当抗原进入机体后,机体产生两种免疫反应:由 B 淋巴细胞产生抗体和产生致敏淋巴细胞。抗体与致敏淋巴细胞分别与抗原结合后,引起一系列反应,这些反应产生各种效应。这些效应或介质可引起免疫损伤。

(1)Ⅰ型变态反应(过敏反应)　是由某种免疫球蛋白与肥大细胞和嗜酸性粒细胞结合所介导的炎性反应,结合后导致化学活性物质的释放,其中最重要的是组胺。此种反应是最重要的,也是最严重的免疫损伤。

引起Ⅰ型变态反应的变应原为异种蛋白质(如异种血清、疫苗、寄生虫、花粉、灰尘、食物蛋白等)及非蛋白质药物(如抗生素、有机碘、汞制剂等)。它们可经食入、吸入或注射方式进入体内。引起变态反应的抗体主要是 IgE,称为反应素,它是由外来抗原或半抗原刺激机体所产生。此型变态反应可分为致敏和效应阶段(图 1-19)。变应原初次进入机体后,刺激机体产生大量的相应抗体 IgE。致敏状态常在接触变应原后2 周左右开始形成,可维持较长时间(半年至数年)。当被致敏的个体再次接触变应原时,变应原与肥大细胞和嗜碱性粒细胞上的 IgE 的 Fab 段上的抗原结合点发生特异性结合,释放组胺、五一羟色胺、慢反应物质、激肽、嗜酸性细胞趋化因子等。这些生物活性物质作用于效应器官,使之发生充血、水肿、淤血、红疹等病理变化,引起咳嗽、腹泻等多种临床症状,从而呈现过敏反应。此反应无补体参与,一般无明显的组织损伤。

常见的Ⅰ型变态反应有:

①过敏性休克　这是一种严重的全身性过敏反应。临床表现为血压迅速下降,脉搏微弱,体温降低,全身出冷汗,呼吸困难,肌肉战栗、抽搐,皮肤瘙痒、荨麻疹及水肿等,如不及时抢救可危及生命。引起过敏性休克的过敏原常见的药物有青霉素、磺胺类、血清、卵蛋白等。猪的主要休克器官是肺与肠,最主要的介质为组织胺。全身性和肺高血压引起呼吸困难与死亡。有的有肠道症状,有的肠道无明显眼观变化。

②局部性过敏反应　临床表现为皮肤瘙痒,出现红斑、水肿和结痂。常见于脸、耳、背部、躯干、四肢等处皮肤,最常见于胸、腹下部皮肤。变应原有花粉、灰尘、真菌孢子及昆虫叮咬等。例如吸入性变应原作用上呼吸道,可引起鼻黏膜发炎;作用于气管与支气管可引起平滑肌收缩发生哮喘。变应原进入消化道可使胃肠平滑肌收缩,出现呕吐、腹痛和腹泻,有时皮肤出现红斑和荨麻疹。变应原接触眼睛时,引起结膜炎而发生流泪。

(2)Ⅱ型变态反应(细胞毒性反应)　参与反应的抗体是 IgG 或 IgM,当抗体与细

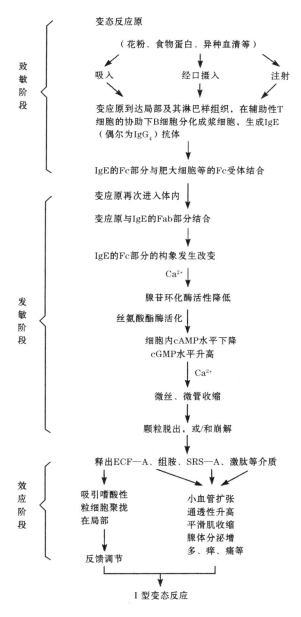

图 1-19　Ⅰ型变态反应的发生机制

胞膜上的抗原决定簇相互作用,或与被组织成分或细胞膜吸附的游离抗原或半抗原相互作用,引起细胞损伤。

变应原多是组织细胞的表面成分,也有外源性的,它在特定条件下,如受病毒的感染、化学药物的作用,使 B 淋巴细胞的自我识别功能发生改变,误将自身细胞当作异己细胞,刺激机体产生相应抗体。当这种抗体与异己细胞结合后,在补体参与下就会使该异己细胞溶解,而发生溶血现象或组织坏死。也有的是当补体部分活化时,导致 C3b 沉着在靶细胞膜上,从而促进吞噬细胞对靶细胞的吞噬。另一类反应是 IgG,抗体用它的 Fab 结合部位与靶细胞结合,用它的 Fc 结合部位与效应细胞结合,被覆抗体的细胞应成为效应者或杀伤细胞的靶细胞而被杀死(图 1-20)。

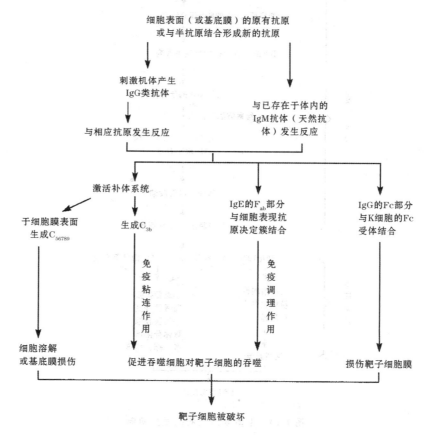

图 1-20　Ⅱ型变态反应机制

常见的是药物Ⅱ型变态反应。一些药物可牢固地与细胞,特别是与血细胞结合,如青霉素、奎宁、L-多巴、氨基水杨酸等可吸附到红细胞表面,使之被修饰,免疫系统会误认为异物而攻击之,临床上出现溶解性贫血。有的药物可与粒细胞结合引起粒细胞缺乏症,如磺胺类、保太松、氨基比林、砷、锑制剂等。有的药物可引起血小板减少症,如奎宁、氯霉素、磺胺、链霉素等引起的过敏。

(3)Ⅲ型变态反应(免疫复合物变态反应) 抗原抗体结合形成的免疫复合物(抗原抗体复合物)沉积于血管壁或组织中引起的反应。参与反应的抗原很多,如病毒、细菌、寄生虫、异种血清、变性的球蛋白等。参与反应的是沉淀性抗体,主要为IgG和IgM,其次是IgA。

通过抗体与抗原结合,形成免疫复合物,然后引起许多生物学过程。形成的中等大小可溶性免疫复合物,既不能通过肾小球随尿排出,又不易被吞噬细胞吞噬,在血液中停留时间较长,从而沉积于毛细血管或肾小球基底膜上,引起组织损伤及炎症反应,使血管壁及邻近组织发生坏死。免疫复合物不断产生和持续存在是形成并加剧炎症反应的重要前提,而免疫复合物在组织的沉积则是导致组织损伤的关键(图1-21)。

常见的免疫复合物型变态反应如下。

①局部Ⅲ型变态反应 在猪体局部反复注射同一种抗原,使之产生大量抗体,并在局部形成大分子的抗原抗体复合物,沉积于注射局部的毛细血管壁上,激活补体,产生过敏毒素引起病变。

②全身性Ⅲ型变态反应 猪在接受大量抗血清治疗时,这种血清对受体是一种抗原物质,可刺激机体产生相应的抗体。一般在抗原注入后7～14小时,体内形成一定量的抗体,其与注入的未完全排出的血清(抗原)在血液中相遇结合,形成可溶性免疫复合物激活补体。一是促使组胺的释放,增强血管通透性;二是随血流沉积于小血管壁、肾小球基底膜、关节滑液膜等,引起全身性血清病。

③免疫复合物性肾小球性肾病 血液中有循环抗体持续存在,同时伴有长期抗原血者,都有可能发生本型肾病。因此,它是某些慢性病毒病的特征,如非洲猪瘟、猪瘟,其次是某些细菌病如布鲁氏菌病、细菌性心内膜炎,某些寄生虫病如锥虫病、丝虫病、焦虫病,甚至自身免疫病、恶性肿瘤和某些普通病,也可能出现此种肾病。最常见病变为肾小球血管系膜增生,也可见弥漫性基底膜增厚。

(4)Ⅳ型变态反应(细胞介导性超敏反应,迟发性反应) 是由致敏淋巴细胞所介

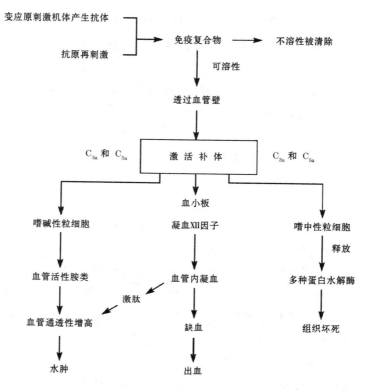

图 1-21　Ⅲ型变态反应机制

导的反应,参与反应的免疫物质不是抗体,因此又称为细胞介导性超敏反应。当把某些抗原皮内注射于致敏猪,经若干小时后才在注射部位出现炎性肿胀,比Ⅰ型和Ⅲ型反应的出现要迟得多,所以又称迟发性反应。

T淋巴细胞经抗原刺激后分裂增殖为致敏淋巴细胞,这种致敏淋巴细胞含有多种淋巴因子,如转移因子、趋化因子、分裂因子、淋巴毒素、干扰素、游走抑制因子、皮肤反应因子等。致敏淋巴细胞再次接触相同的抗原时即释放出各种淋巴因子,一方面使机体表现特异性的细胞免疫,而另一方面则发生迟发型变态反应。特征为以单核细胞浸润、巨噬细胞释出溶酶体酶和淋巴细胞释出淋巴毒素等多种淋巴因子引起组织损伤(图 1-22)。

常见的Ⅳ型变态反应如下。

①变应性接触性皮炎　抗原为小分子化合物,如甲醛、苦味酸、亚尼林染料、植物

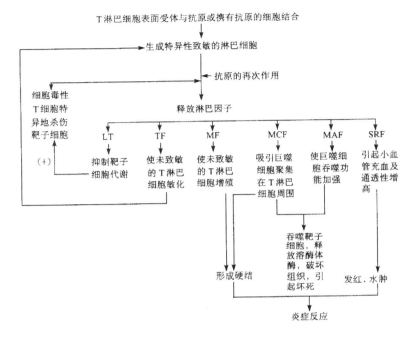

图 1-22　Ⅳ型变态反应的发生机制

树脂、有机磷、金属盐。它们只是半抗原,必须与较大的免疫原结合,才具有免疫原性。当机体再次接触同一半抗原时,真皮内出现单核细胞浸润,接触后 24～72 小时反应达到顶点。只要抗原能到达的皮肤表面身体任何部分均可受侵犯,表现充血、红斑、丘疹、水疱,由于搔痒使病变部表皮脱落与形成溃疡。慢性者有角化过度、棘皮病与真皮纤维化。组织学变化为单核细胞浸润,以及皮肤细胞在致敏淋巴细胞攻击下发生空泡变性。

②传染性变态反应　有机体受到某些细胞内寄生,如结核杆菌、鼻疽杆菌、布鲁氏菌等感染,或寄生虫如血吸虫、蛔虫等感染时,可发生Ⅳ型变态反应,形成肉芽肿,称传染性变态反应。结核菌素反应就是典型的细胞介导性变态反应。

2. 免疫缺陷病

由于免疫系统先天性发育不全或后天性损害导致免疫功能降低或缺乏引起的疾病,称免疫缺陷病。

如果是由遗传或先天性因素使免疫系统在个体发育过程中的不同环节、不同部位受损引起,称原发性免疫缺陷病。主要发生在幼猪,但大多数免疫缺陷病继发于恶性肿瘤、辐射、中毒、重度感染或人工长期使用抗菌药和免疫抑制剂的过程中,故称为继发性免疫缺陷病。体液免疫功能障碍或缺乏时,临床表现持续细菌感染,产生抗体的能力降低。细胞免疫功能障碍或缺乏时,临床表现为严重的病毒、真菌及细胞内寄生性的感染,而且对许多抗原不引起迟发型变态反应。联合免疫缺陷表现为体液免疫和细胞免疫都缺陷。非特异性免疫缺陷主要表现为吞噬细胞功能降低,补体含量减少及功能降低。

免疫系统发育过程中的任一环节发生障碍,都可发生免疫缺陷病,细胞免疫和体液免疫功能都微弱,幼畜常因病毒或感染而死亡。免疫物质受遗传基因控制,免疫功能也受基因调控,因此基因突变也可能是免疫缺陷病的原因。

恶性肿瘤,如淋巴肉瘤、骨髓瘤、网状内皮系统的肿瘤,因伤及中枢和外围免疫器官,可导致特异性和非特异性免疫功能均降低。肾脏和胃肠疾病由于造成蛋白质大量丢失,可导致体液免疫缺陷状态。长期使用免疫抑制剂(环磷酰胺、6-巯基嘌呤、皮质类固醇等)、射线照射均可导致免疫缺陷。

常见的免疫缺陷病是母体 Ig 被动转移衰竭症(FPT)。猪胎儿在子宫内基本上得不到母体性 Ig。初乳性 Ig 可被出生后 24 小时以内的仔猪肠道无选择性地吸收,当初乳被常乳取代时,绝大部分奶中的 Ig 不为肠道所吸收,但在肠腔内可提供重要的局部保护作用,所以仔猪的 FPT 不大会影响对大肠杆菌等肠道感染的敏感性。

第二章　器官病理

一、疝

体内某个器官或组织离开正常解剖位置,通过先天或后天的薄弱点、缺损或孔隙进入另一部位称为疝。

局部有柔软肿胀,触诊有波动感,听诊肿胀部有肠蠕动音,且位置多局限于脐、阴囊及腹壁;如为可变性疝,当猪变换体位或压迫患部时肿胀即可消失;如为嵌闭性疝,局部高度紧张,有疼痛感及压迫感。由于肠腔闭塞或通畅不良引起肠管臌气和排粪困难,伴有拒食、体温升高和腹痛。应注意与血肿、脓肿、淋巴外渗、蜂窝织炎等病的鉴别(血肿主要是红色;脓肿穿刺可见脓液;淋巴外渗是水样液;蜂窝织炎呈蜂窝状,温度升高),直肠检查及手术或穿刺检查一般可以确诊。

二、斑　疹

斑疹点大成片,色红或紫,抚之不碍手的叫作"斑",多由热郁阳明,迫及营血而发于肌肤。其形如粟米,色红或紫,高出皮肤之上,抚之碍手的叫作"疹"(但亦有不高出皮肤,抚之无碍手之感的),多因风热郁滞,内闭营分,从血络透发于肌肤。

斑疹是单纯的皮肤颜色改变,可暂时出现或长期存在;根据颜色的不同可分为红斑和其他各种色素异常引起的斑疹。病理特征:斑疹只是皮肤颜色的改变,常见有红斑、紫癜、色素斑等。

1. 皮肤红斑

充血性皮肤红斑局部肿胀,温度增高,色泽加深,多呈鲜红色,指压褪色。充血面积较大者叫作红斑,较小者称为蔷薇疹。表现充血性皮肤斑疹的常见疾病有:猪丹毒、流行性猪肺疫、猪附红细胞体病、猪败血性链球菌病、感光过敏、饲料疹等。淤血部皮肤红斑：色泽发暗，多呈蓝紫色，指压褪色。出血性皮肤红斑也可呈点状、斑状或出血灶，呈鲜红、暗红、紫红（紫癜）、褐红或黑红色，指压不褪色。表现出血性皮肤斑疹的常见疾病有：猪瘟、猪副伤寒、猪附红细胞体病、猪弓浆虫病、副丝虫病、皮下蝇蛆病、冠丝虫性皮炎、猪虱等。

2. 色素斑

色素斑常呈黑褐色，指压不褪色。创伤、温热、紫外线或 X 线照射、化学药品的刺激和某些传染病等均可导致皮肤充血。如猪在运输过程中，由于冷空气的侵袭或烈日的暴晒引起的皮肤充血，呈红色斑块，称为运输斑；在屠宰时，猪后肢或臀部皮肤常见一种对称性中央呈暗红色、周围有红晕的斑块，习称为梅花斑（或紫斑病）。经长途运输而未充分休息立即屠宰的猪，或电麻不足未死透即行泡烫的猪，皮肤往往因充血而呈弥漫性淡红色。局部静脉受压，管腔堵塞，心、肺疾病引起的循环障碍等可导致皮肤血管淤血。

皮肤色素沉着则形成色素斑，皮肤色素脱失可形成白斑。

三、丘疹和结节

1. 丘　疹

丘疹是指高出皮肤表面的丘形小疹，呈界限性突起，疹色可与皮肤颜色相同，亦可发红。

丘疹是较小的局限性隆起，由小米粒到豌豆大，直径通常小于 1 厘米，其形状分为圆形、椭圆形或多角形，是由细胞浸润于真皮所致。在丘疹的顶端含有浆液的称为浆液性丘疹；不含浆液的称为实性丘疹。丘疹可由斑疹演变而来，演变的中间阶段称为斑丘疹。丘疹也可演变成水疱，其过渡阶段称为丘疱疹。

炎性丘疹病变主要在真皮。因感染、过敏反应及其他未明病因引起血管扩张、充血和炎性细胞浸润；变应性疾病如皮炎、湿疹都可出现丘疹损害，寄生虫性引起的丘疹样结节在临床上亦颇为常见。非炎性丘疹病变在表皮的非炎性丘疹，是因各种刺激引起表皮增殖而成,表皮过度增殖时,丘疹表面可粗糙不平而形成结节状。

2. 结　节

结节是较丘疹大而位置深的皮肤损害,呈半球状隆起,直径在 1 厘米以上,质地较硬。结节也可以位于皮内或皮下,需触诊才能发现。丘疹和结节都可以被完全吸收,不留痕迹;但也可发展为水疱,感染化脓,形成溃疡和瘢痕。炎性丘疹为红色,有痛及痒感,非炎性丘疹则不发红及无痛感。

四、疱　疹

疱疹是指高出皮肤表面的界限性隆起,疱壁可薄或厚,内容为清亮或混浊的液体,可单发,也可集簇出现。

1. 病理变化

疱疹内含浆液者称为水疱,大的水疱称为大疱,内含脓液者称为脓疱。脓疱可由水疱演变而来,也可由化脓菌感染直接引起。由于内容物的性状不同,可为白色、黄色、黄绿色或黄红色,周围有红晕。水疱可连成片,破裂后露出暗红色的糜烂面,以后形成溃疡或愈合。深部脓疱愈合后留有瘢痕。水疱的产生主要是由炎症引起乳头层血管扩张,浆液渗出侵入表皮,在细胞间和细胞内形成水肿。过度水肿时,细胞棘被折断,棘细胞退化,于是表皮内形成水疱,如皮炎、湿疹等。细胞内水肿,可引起细胞水肿变性、气球样变性,网状变性;形成单腔性或多腔性水疱,如病毒类疱疹。

2. 病　因

脓疱的形成大多由于化脓性细菌如金黄色葡萄球菌、表皮葡萄球菌、链球菌、棒状杆菌和奇异变形杆菌等感染所引起。常见疾病有口蹄疫、水疱疹、水疱病、水疱性口炎、脓疱性皮炎(溶血性链球菌)等。

五、淋巴结炎

淋巴结炎是指淋巴结实质和间质的炎症。

1. 急性浆液性淋巴结炎

急性淋巴结炎多见于炭疽、猪瘟、猪丹毒、猪巴氏杆菌病等急性传染病,或当某一器官、组织感染发炎时,相应的淋巴结也可发生同样变化。浆液性淋巴结炎多发生于急性传染病的初期,或邻近组织有急性炎症时。眼观发炎淋巴结肿大,被膜紧张,质地柔软,呈潮红色或紫红色;切面隆突,颜色暗红,湿润多汁。

2. 急性出血性淋巴结炎

出血性淋巴结炎通常是由浆液性淋巴结炎发展而来,常见于猪瘟、猪丹毒、猪巴氏杆菌病等。眼观淋巴结肿大,呈暗红色或黑红色,被膜紧张,质地稍显实;切面湿润,稍隆突并含多量血液,呈弥漫性暗红色或大理石样花纹(出血部暗红,淋巴组织呈灰白色)。出血性淋巴结炎轻者,病因消除可恢复正常,如发展严重,则可转化为坏死性淋巴结炎。

3. 坏死性淋巴结炎

坏死性淋巴结炎常见于猪弓形虫病、坏死杆菌病、仔猪副伤寒等。眼观淋巴结肿大,呈灰红色或暗红色,切面湿润,隆突,边缘外翻,散在灰白色或灰黄色坏死灶和暗红色出血灶症,坏死灶周围组织充血、出血;淋巴结周围常呈胶冻样浸润。较轻的坏死性炎症,坏死成分少,病因消除可恢复正常,如坏死性淋巴结炎较严重,坏死灶可发生机化或包囊形成,如淋巴结组织广泛坏死,可导致淋巴结纤维化而完全失去功能。

4. 化脓性淋巴结炎

化脓性淋巴结炎是淋巴结的化脓性炎症过程。其特点是大量嗜中性粒细胞渗出并伴发组织的脓性溶解。它多继发于所属组织器官的化脓性炎,是化脓菌沿血流、淋巴流侵入淋巴结的结果。眼观淋巴结肿大,有黄白色化脓灶,切面有脓汁流出。严重时整个淋巴结可全部被脓汁取代,形成脓肿。较小的化脓灶可吸收、修复或机化形成脓肿,较大的化脓灶则形成脓肿,外有结缔组织包膜,其中脓汁逐渐浓缩进而钙化,淋巴结化脓性炎可向周围组织发展,也可通过淋巴管、血管转移到其他淋巴结和全身其他器官,形成脓毒败血症。

5. 慢性淋巴结炎

慢性淋巴结炎多由急性淋巴结炎转变而来,也可由致病因素持续作用而引起。常见于某些慢性疾病,如结核、布鲁氏菌病、霉形体肺炎等。眼观发炎淋巴结肿大,质地变硬;切面呈灰白色、隆突,常因淋巴小结增生而呈颗粒状。后期淋巴结往往缩小,质地硬,切面可见增生的结缔组织不规则交错,淋巴结固有结构消失。慢性淋巴结炎可保持很长时间,如病因消除,细胞增生过程停止,数量减少,淋巴组织内结缔组织增生和网状纤维胶原化。淋巴结功能减弱甚至消失。

六、心包炎

心包炎是指心包的壁层和脏层浆膜的炎症,它可以是独立的疾病,也可伴发于其他疾病过程中,如果仅是心包的脏层炎症,则称为心外膜炎。根据渗出物的性质不同,可将其分为浆液性、纤维素性、出血性、化脓性和混合性心包炎。以浆液性、纤维素性或浆液纤维素性心包炎较常见。

1. 病　因

传染性因素是指非特异性和特异性病原微生物,主要是病原微生物感染引起的,如猪丹毒杆菌、结核杆菌、猪传染性胸膜肺炎放线杆菌、霉形体等。这些病原体是经过血液或由相邻器官的直接蔓延(从心肌和胸膜)进入心包,引起炎症过程。

2. 病理变化

心包表面血管充血扩张,或有出血斑点。心包膜因炎性水肿而增厚。心包腔因蓄积大量渗出液而明显膨胀,腔内有大量淡黄色浆液性渗出物,若混有脱落的间皮细胞和白细胞则变混浊。随后纤维素渗出,渗出的纤维素凝结为黄白色絮状或薄膜状物,分布于心包内和心外膜表面或悬浮于心包腔中。如果炎症持续较久,覆盖在心外膜表面的纤维素,因心脏搏动而形成绒毛状外观,称为"绒毛心"。慢性经过时,被覆于心包壁层和脏层上的纤维素往往发生机化,外观呈盔甲状,称为"盔甲心"。心包脏层和壁层因机化而发生粘连。

3. 影　响

心包炎病情较轻的病例,可因渗出物的液化、吸收而痊愈。当渗出物溶解吸收缓慢或困难时,可由新生肉芽组织将其机化,导致心包增厚,甚至壁层与脏层发生粘连。心包炎还可并发胸膜炎、肺炎、心肌炎等。创伤性心包炎可转变为腐败性脓肿。心包炎的发展常取慢性经过。初期心包内积液较少,血液循环障碍通常不明显。随着疾病的发展,当心包内蓄积大量渗出液使心包内压显著升高时,心脏舒张受到限制(尤其是右心房),引起静脉血回流减少,临床上常见猪体循环淤血,牛的肉垂、颈、胸、腹部皮下出现明显水肿。当心包壁层与脏层发生广泛粘连时,心脏的舒张与收缩均受限制,可导致心输出量减少而发生心功能不全。

七、心 肌 炎

心肌炎是指心肌的炎症,通常伴发于全身性疾病,特别是传染病、寄生虫病、中毒和过敏反应等。

1. 病　因

原发性心肌炎多见于某些细菌性传染病(巴氏杆菌病、猪丹毒、链球菌病)、病毒性传染病(口蹄疫、流感等)和中毒病(砷、磷、有机汞中毒等)的伴发病变。在传染病过程中,病原体及毒素可通过血源途径侵害心肌,也可先引起心内膜炎或心外膜炎蔓延而来。

2. 病理变化

(1)实质性心肌炎　以心肌的变性为主,而渗出和增生过程轻微。眼观可见心肌呈灰白色煮肉状,质地松脆,心脏扩张,特别是右心室。炎症多为局灶性,心脏横切面有围绕心脏的灰黄色或灰白色斑条状纹,外观形似虎皮,故称"虎斑心"。

(2)间质性心肌炎　眼观病变与实质性心肌炎相似。

(3)化脓性心肌炎　通常由机体其他部位(如肺、子宫等)化脓性栓子经血液转移而来或继发于心肌创伤,多为局灶性。眼观可见心肌有大小不一的脓肿。慢性时,化脓灶的外面形成包囊。脓汁的颜色因化脓菌的种类不同而异。

3. 影　响

心肌炎是一种剧烈的病理过程,对机体影响较大。非化脓性心肌炎可发生机化,化脓性心肌炎的病灶可形成包囊,脓汁干涸并进一步纤维化。心肌炎可影响心脏的自律性、兴奋性、传导性和收缩性,临床上表现为心律失常,如窦性心动过速,各种形式的期外收缩和传导阻滞。严重时,因心肌广泛变性和坏死以及传导障碍而发展为心力衰竭。

八、心内膜炎

心内膜炎是指心内膜的炎症。按发生部位不同,可分为瓣膜性心内膜炎、心壁性心内膜炎、腱索性心内膜炎和乳头肌性心内膜炎,其中以瓣膜性心内膜炎最为常见。常以瓣膜血栓形成和结缔组织的纤维素样坏死为特征。根据病变特点可将其分为疣状性心内膜炎和溃疡性心内膜炎。

1. 病　因

心内膜炎通常由细菌感染引起,常伴发于慢性猪丹毒、链球菌、葡萄球菌、化脓棒状杆菌等化脓性细菌的感染过程中。细菌及毒性产物可直接引起结缔组织胶原纤维变性,使瓣膜遭受损伤,并在此基础上形成血栓。疣状性心内膜炎是以心瓣膜形成疣状血栓为特征的炎症,疣状赘生物常发生于二尖瓣心房面和主动脉瓣的心室面的游离缘。

2. 病理变化

疣状性心内膜炎眼观可见早期炎症局部增厚而失去光泽,继而游离缘可见黄白色小结节,以后逐渐增大形成大小不等的疣状物,表面粗糙,质脆易碎。后期疣状物可发生机化,形成菜花样不易剥离的赘生物。

溃疡性心内膜炎亦称败血性心内膜炎,是以瓣膜发生局灶性坏死为特征的炎症。眼观初期瓣膜上形成大小不等的淡黄色坏死斑点,以后逐渐融合,并发生脓性溶解,形成溃疡,而疣状血栓发生脓性分解后,亦可形成溃疡,严重时可继发瓣膜穿孔。溃疡表面附有灰黄色凝固物,周围常有出血及炎性反应,并有结缔组织增生,使边缘稍隆起。

3. 影　响

心内膜炎通常呈进行性发展,可反复形成血栓和机化。一方面血栓可在血流的冲击下脱落,成为栓子,随血流运行而阻塞血管,造成脏器梗死;化脓性栓子,可引起转移性化脓灶。另一方面,由于瓣膜的损伤、机化,可使瓣膜狭窄或闭锁不全,影响心脏功能。

九、肝　炎

肝炎是猪的常见疾病。其发生病因有传染性的、中毒性的和寄生虫性的几类。按疾病进程分急、慢性两种。病理类型则有实质性与间质性之分。根据病因、疾病进程和病理特点将肝炎分为如下几种。

1. 病毒性肝炎

引起病毒性肝炎,侵害肝脏引起炎症的病毒一般为嗜肝性病毒,某些不是以肝脏为主要侵害靶器官的病毒也可引起肝炎。眼观肝脏呈不同程度肿大,边缘钝圆,被膜紧张,切面外翻。呈暗红色或红色与土黄色(或黄褐色)相间的斑驳色彩,其间往往有灰白色或灰黄色的形状不一的坏死灶。胆囊胀大或缩小不定。

2. 细菌性肝炎

引起此型肝炎的细菌种类很多,如巴氏杆菌、沙门氏菌、坏死杆菌、钩端螺旋体和各种化脓性细菌等。细菌性肝炎以组织变质、坏死、形成脓肿或肉芽肿为主要病理特征。以变质为主要表现的细菌性肝炎,眼观肝脏肿大,肝内充血阶段可见肝脏呈暗红色;有黄疸者为土黄色或橙黄色。常见点状出血与斑状出血,以及灰白色或灰黄色的坏死病灶。禽类的许多细菌性肝炎,还见肝被膜上有呈条索样或膜样的纤维素性渗出物(纤维素性肝周炎)。沙门氏菌病常发生肝脏炎症病变,眼观肝脏中出现多数局灶性坏死,坏死灶的范围不大。肝内感染由某些慢性传染病的病原体如结核杆菌、鼻疽杆菌、放线菌等所致。肝内此类肉芽肿的组织结构大致相同,为大小不等的结节状病变。增生性结节中心为黄白色干酪样坏死物,如有钙化时质地比较硬固,刀切时闻磨砂声。

3. 霉菌性肝炎

霉菌性肝炎常见的病原体有烟曲霉菌、黄曲霉菌、灰绿曲霉和构巢曲霉等致病性真菌。眼观肝脏显著肿大,边缘钝圆,切面隆突,呈土黄色,质脆易碎,有明显黄疸。

4. 寄生虫性肝炎

寄生虫性肝炎因肝内某些寄生虫在肝实质中或肝内胆管寄生繁殖,或某些寄生虫的幼虫移行于肝脏时而发生。

5. 中毒性肝炎

(1)病因　由于环境污染的日益严重,以及各种化学性制剂(农药、药物、添加剂)的广泛使用和人工配合饲料的某些缺陷等原因,猪的中毒性肝炎已日渐多见,在集约化和封闭式饲养的饲养场中,且常有大规模发生的特点。引起中毒的各种化学性物质大多是所谓的亲肝性毒物,这类用作农药的物质在使用不当时可污染饲料而使猪受害。近年还不断发现某些临床上经常使用的解热镇痛药如烃基保泰松、消炎痛,某些抗生素和呋喃类化合物如先锋霉素Ⅰ、杆菌肽、呋喃唑酮、麻醉药氟烷和免疫抑制药硫唑嘌呤以及种类繁多的环境消毒药等,在过量或持久使用的情况下对猪的肝脏均有一定的毒性,有的很快即引起转氨酶升高。在猪已有肝疾患时,其毒性更为明显。因机体本身患有某些疾病引起物质代谢障碍,毒性代谢产物在体内蓄积过多,以及严重的胃肠炎、肠梗阻和肠穿孔导致的腹膜炎,也能发生这一类型的肝炎。

(2)病理变化　急性中毒性肝炎的主要病理变化是肝组织发生重度的营养不良性病变以至坏死,同时还伴有充血、水肿和出血。眼观肝脏呈不同程度肿大,潮红充血或可见出血点与出血斑,水肿明显时肝湿润和重量增加,切面多汁。在重度肝细胞脂肪变性时,肝呈黄褐色。如淤血兼有脂肪变性,肝脏在黄褐色或灰黄色的背景上可见暗红色的条纹,呈类似于槟榔切面的斑纹;同时,常可于肝脏表面和切面发现灰白色的坏死灶。急性中毒性肝炎,由于大量肝细胞坏死、崩解和伴有脂肪变性,肝脏的体积通常缩小,肝叶边缘变为锐薄,呈黄色。由于引起中毒的毒物种类较多,且中毒的程度轻重不一,上述这些变化有时差异颇大。耐过的一些急性中毒性肝炎可转为慢性。其主要病理特征为变性轻微的肝细胞逆转恢复正常,较小的坏死灶通过纤维组织增生而瘢痕化,肝脏实质萎缩,肝被膜、小叶间和汇管区结缔组织不同程度增生而出现肝硬变。

十、肝 硬 变

各种病因引起肝细胞严重变性和坏死后,出现肝细胞结节状再生和间质结缔组织广泛增生,使肝小叶正常结构受到严重破坏,肝脏变形、变硬的过程称为肝硬变。

1. 病因和类型

(1)门脉性肝硬变 见于病毒性肝炎、黄曲霉毒素中毒、营养缺乏,如缺乏胆碱或蛋氨酸等,肝脏长期脂变、坏死,被结缔组织取代,肝小叶结构改变。其特征是汇管区和小叶间纤维结缔组织增生,但胆管增生不明显,假小叶形成,眼观可见肝脏表面颗粒状小结,黄褐色或黄绿色,弥漫分布于全肝。

(2)坏死后肝硬变 是在肝实质大片坏死的基础上形成的,黄曲霉毒素、四氯化碳中毒及营养性肝病、慢性中毒性肝炎,可引起此型肝硬变。因病变发展较快,大量肝细胞迅速坏死,使肝体积缩小,肝细胞结节状再生,形成大小不一的结节。与门脉型肝硬变不同之处在于:假小叶间的纤维间隔较宽,炎性细胞浸润,小胆管增生显著。

(3)淤血性肝硬变 是因为长期心脏功能不全,肝脏淤血、缺氧,肝细胞变性、坏死,网状纤维胶原化,间质因缺氧及代谢产物的刺激而发生结缔组织增生。其特点是肝体积稍缩小,红褐色,表面呈细颗粒状。

(4)寄生虫性肝硬变 是最常见的肝硬变。病因为寄生虫幼虫移行时破坏肝脏(如猪蛔虫病),或虫卵沉着在肝内,或由于成虫寄生于胆管内,或由原虫寄生于肝细胞内,引起肝细胞坏死。此型肝硬变的特点是有嗜酸性粒细胞浸润。

(5)胆汁性肝硬变 是由于胆道阻塞,肝内胆汁淤滞而引起。肿瘤、结石、虫体可压迫或阻塞胆管,使胆汁淤滞。肝被胆汁染成绿色或绿褐色。肝体积增大,表面平滑或颗粒状,硬度中等。

2. 病理变化

肝硬变由于发生病因不同,其形态结构变化也有所差异,但基本变化是一致的。

眼观肝脏常见缩小，边缘锐薄，质地坚硬，表面呈凹凸不平或颗粒状、结节状隆起，色彩斑驳，常染有胆汁，肝被膜变厚。切面上可见十分明显的淡灰色结缔组织条索，围绕着淡黄色圆形的肝实质。肝内胆管明显，管壁增厚。

3. 结局和影响

肝硬变是一种渐进性病理过程，即使病因消除也不能恢复正常。肝细胞的再生和代偿能力很强，早期可通过功能代偿而在相当长的时间内不出现症状。但后期由于代偿失调，则表现一系列的症状，主要为门静脉高压和肝功能障碍。肝硬变时，门静脉压升高，引起门静脉所属器官（胃、肠、脾）淤血和水肿，影响胃肠道蠕动和分泌功能，进一步引起慢性胃肠炎，临床上表现食欲不振和消化不良。肝硬变后期可引起腹水，主要是门静脉高压和血浆胶体渗透压下降引起。另外，肝合成纤维蛋白原和凝血酶原的作用降低，故有出血倾向。肝硬变时，肝脏对某些激素特别是醛固酮和抗利尿激素灭活发生障碍，使其在体内蓄积，引起腹水。肝细胞受损和胆汁排出受阻，血中直接胆红素及间接胆红素均增加。肝细胞受损时，某些酶如谷丙转氨酶、谷草转氨酶等进入血液，因而肝功能检查时，这些酶活性升高。肝硬变时，肝屏障及解毒功能降低，不能有效地清除血液中有毒代谢产物，如血氨及酚类，造成自体中毒，特别是氨中毒。

十一、支气管肺炎

支气管肺炎是猪肺炎的基本形式，是以支气管为中心的单个小叶或一群小叶的炎症，故又称为小叶性肺炎。其炎性渗出物以浆液和脱落的上皮细胞为主，所以也称为卡他性肺炎。

1. 病　因

引起支气管肺炎的病因主要是细菌（巴氏杆菌、沙门氏菌、葡萄球菌、链球菌）、霉形体和真菌等，在有害因子（寒冷、感冒、过劳、长途运输和维生素 B 缺乏等）影响下，机体抵抗力降低，特别是呼吸道防御能力减弱，进入呼吸道的病原菌可大量繁殖，引起支气管炎，炎症沿支气管蔓延，引起支气管周围的肺泡发炎。另外，病原菌也可经血流运行至肺脏，引起间质肺炎，继而波及支气管和肺泡，引起支气管肺炎。

2. 病理变化

眼观肺的前下部区域内不规则实变(坚实并能沉于水),肺的尖叶、心叶和膈叶是最常受侵犯的部位。实变区暗红色至淡灰红色、灰色不一,取决于炎症的性质和时间经过。病变多呈镶散状,中心部灰白色至黄色、周围为红色的实变区以及充血和萎陷,外围为正常或气肿的苍白区。这种眼观表现取决于炎症的扩散速度与小叶分隔程度,常表现为缓慢扩散的支气管肺炎形式。当炎症迅速扩散、小叶分隔不良或病变为多中心时,则病变广泛而同质,甚至整个肺叶受损。但经眼观仔细检查,仍可辨认出支气管肺炎形式,因为散在有多发性小的灰白色、突出的病灶,并被窄的深红色带所分开。突出的灰白色病灶为以细支气管为中心的渗出区,红色带为周围的充血、水肿与萎陷的肺泡实质。

3. 结局和影响

如能及时消除病因,支气管肺炎可消散,完全修复。慢性支气管肺炎的病变为慢性化脓和纤维化。由于渗出物排出障碍,常可引起各种并发症。猪的消散常常不完全。支气管肺炎对机体的影响主要为低氧血症和毒血症,低氧血症和毒血症的联合是严重支气管肺炎引起死亡的主要病因。

十二、纤维素性肺炎

纤维素性肺炎是以细支气管和肺泡内充满大量纤维素性渗出物为特征的急性炎症。此型肺炎常侵犯一个大叶、一侧肺叶或全肺,所以又称为大叶性肺炎。

1. 病　因

纤维素性肺炎见于传染病,如巴氏杆菌病、牛传染性胸膜肺炎等,这些病的病原体可随血液、呼吸道和淋巴液侵入肺脏,在机体抵抗力降低时(感冒、过劳、长途运输和吸入刺激性气体等),病原体大量繁殖,沿支气管、血管周围的淋巴管扩散,炎症迅速扩展至整个肺叶及胸膜。由于毛细血管壁遭受损伤,可引起纤维素性渗出、出血等变化。

2. 分　期

按病变发展过程可分为 4 个期,但各期的变化实际是一个连续发展过程的不同阶段,并不能机械性地将其分开。

充血水肿期:特征是肺泡壁毛细血管充血与浆液性水肿。眼观可见肺脏稍肿大,重量增加,质地稍变实,呈暗红色,切面平滑,按压时流出大量血样泡沫液体。

红色肝变期:由充血水肿期发展而来,特征是肺泡壁毛细血管仍显著扩张、充血,肺泡腔内含有大量纤维素、白细胞和红细胞。眼观可见肺体积肿大,呈暗红色,质地坚实如肝,切面干燥呈细颗粒状。肺间质增宽(有半透明胶样液体蓄积),呈灰白色条纹。

灰色肝变期:特征是肺泡壁充血减弱或消退,肺泡腔中有大量嗜中性粒细胞。眼观可见肺脏呈灰红色,质地坚实如肝,切面干燥,呈细颗粒状。间质变化同上期。消散期特征是嗜中性粒细胞坏死崩解、纤维素溶解和肺泡上皮再生。眼观可见肺脏体积较前期变小,略带灰红色或正常色,质地柔软,切面湿润。

消散期:特征是渗出的中性粒细胞崩解,纤维素溶解,肺泡上皮再生。眼观色泽灰红色或正常色,体积较前期小;切面湿润,肺组织接近正常。

3. 结局和影响

发生纤维素性肺炎时很少能完全恢复,渗出物、坏死组织常被机化,使肺组织致密而坚实,呈肉样色彩,故称"肉变"。若继发感染,则可形成大小不一的脓肿或腐败分解。严重时,形成空洞或继发脓毒败血症,常伴发纤维素性胸膜炎、心包炎,病程较长时可有胸膜、心包和肺的粘连,纤维素性肺炎可很快引起猪呼吸和心功能障碍而死亡。

十三、间质性肺炎

间质性肺炎是指发生于肺脏间质的炎症,特征是间质炎性细胞浸润和结缔组织增生。

1. 病因和病理变化

引起间质性肺炎的病因很多,常见的有微生物(如病毒、霉形体等)、寄生虫(如弓形虫);此外,过敏反应、某些化学性因素都可引起间质性肺炎。病因可直接或间接损伤肺泡壁毛细血管,引起通透性升高。在病原体及毒物作用下,肺泡上皮增生,同时间质结缔组织增生和单核细胞、淋巴细胞等浸润。眼观可见病变区呈灰白色或灰红色,常呈局灶性分布,病灶周围常有肺气肿。质地稍硬,切面平整,炎灶大小不一。病区可为小叶性、融合性或大叶性。病程较久时,则可纤维化而变硬。

2. 结局和影响

急性间质性肺炎在病因消除后能完全消散。慢性时常以纤维化而告终,可持久地引起呼吸障碍。

十四、化脓性肺炎

化脓性肺炎是指由化脓性病原菌侵入引起的肺炎,其特征是肺泡内含有化脓性渗出物。

1. 病因和病理变化

化脓性病原菌侵入一种途径是由上部呼吸道而来,多与支气管肺炎并发,称为化脓性支气管肺炎;另一种途径是经血液由其他部位的化脓性病灶转移而来,称为转移性化脓性肺炎,多见于猪的化脓性棒状杆菌、绿脓杆菌、猪霍乱沙门氏菌、坏死杆菌、放线菌以及猪出血性败血杆菌等感染。眼观肺实质处散发粟粒大或较小的脓肿。脓肿边缘充血、水肿,并呈现肺炎区,以后脓肿周围绕以结缔组织的脓肿膜。化脓性支气管炎与纤维素性肺炎并发时,则于纤维素性肺炎肝变期病灶内,有粟粒至榛实大含有灰绿色脓汁的散在脓肿。胸膜下的脓肿突出于肋膜表面,该部胸膜肥厚粗糙,脓肿周围常有一层脓肿膜,脓肿膜愈厚,表示脓肿经过的时间愈久。

2. 结局和影响

较小的化脓灶可吸收修复,较大的则发生机化、包囊形成等,如肺组织结构大面积破坏和坏死,严重影响肺脏的功能,可导致呼吸困难而死亡。

十五、坏疽性肺炎

坏死的肺组织发生腐败分解时,称为坏疽性肺炎。

1. 病因和病理变化

引起坏死组织腐败分解的细菌,可由支气管或血液而来,一般都是由血液而来。肺组织原发性坏疽性肺炎多由于种种异物的吸入所致。例如,药物所致的药物性肺炎、麻醉药引起的麻醉性肺炎、食物误咽引起的异物性肺炎或脓汁等,亦可由前胃异物的刺入而致。眼观为纤维素性或卡他性肺炎。肝变区内出现腐败分解的变化,呈灰绿色粟粒大或互相融合的结节性病灶,内含有绿色腐败内容物,这就是液化区,这些液化区可侵害整个肺叶或一群小叶,液化区的轮廓不整,放出恶臭气味。

2. 结局和影响

当发生坏疽性肺炎时,不仅呼吸面积减少,而且因腐败分解产物的吸收可引起自体中毒。严重时,形成空洞或继发脓毒败血症而死亡。

十六、肺 萎 陷

肺萎陷也称肺膨胀不全或肺不张,是指肺泡内空气含量减少而塌陷。

1. 病因和病理变化

压迫性萎陷是由肺外压力升高,如气胸、水胸、胸腔肿瘤、肺肿瘤、寄生虫、腹内压升高,都可压迫肺脏,使其扩张受阻造成。支气管管腔不通(主要是支气管炎时渗出物增多)、黏膜肿胀,虫体、肿瘤均可阻塞支气管,气体不能进入,原有的氧气逐渐被吸收而形成阻塞性肺萎陷。新生猪肺内未进入空气发生先天性膨胀不全或肺不张。眼观可见肺病变部位体积缩小,表面塌陷,呈暗红色或紫红色,无弹性,质地如肉,切面平滑。

2. 结局和影响

病因消除后,可有良好结局。如病因持续存在,萎陷部可发生淤血、水肿、肺泡壁细胞变性,间质结缔组织增生,最后纤维化,肺组织变硬;若继发感染,可发生肺炎。

十七、肺 气 肿

肺气肿是指肺组织含气量异常增多而致体积过度膨大。肺泡内空气增多称肺泡性肺气肿;由于肺泡破裂,空气进入间质并使其膨胀时,称间质性肺气肿。以前者较常见。

1. 类 型

(1)急性肺泡性肺气肿 多见于吸气量急剧增加,肺内压升高,肺泡扩张。眼观可见肺体积增大,常充满胸腔,色泽苍白,质地松软,按压后凹陷慢慢复平,并有捻发音,切面干燥。

(2)慢性肺泡性肺气肿 弹性纤维萎缩,慢性支气管炎支气管管腔狭窄,气体不能呼出;或由于肺泡炎性渗出物及肺泡上皮的破坏,表面活性物质减少,使肺泡表面张力降低,回缩力下降,吸气时易扩张。眼观可见肺脏膨大,表面有肋骨压痕,切面有气囊泡,切开时有破裂声。

(3)间质性肺气肿 多伴发于肺泡性肺气肿,肺泡或细支气管破裂,气体进入间质,使其扩张。常见于猪甘薯黑斑病中毒或支原体病。眼观可见肺小叶间质增宽,内有成串的大气泡,许多单个气泡形成完整的条索,使肺呈网状。牛和猪因肺间质丰富而疏松,故间质性气肿非常明显。

2. 结局和影响

急性肺气肿在病因消除后,肺组织弹性恢复,可完全恢复正常。慢性肺泡性肺气肿由于破坏严重,部分发生纤维化,不能完全恢复。肺气肿可使胸内压升高,静脉回流障碍,肺泡壁毛细血管闭锁,肺动脉压升高,加重右心负荷,引起右心肥大,重者可引起呼吸及心脏功能不全。

十八、胃 炎

胃炎是指胃壁表层和深层组织的炎症。

1. 急性浆液性胃炎

急性浆液性胃炎是胃炎中的最轻微者,多见于其他胃炎的开始,以胃黏膜表面渗出多量的浆液为特征。常见的病因包括理化因素、微生物感染及细菌毒素等。暴饮暴食,突然改变饲料种类,饲喂不定时,饲料质量差(发霉变质、过硬、刺激性强等),不合理使役等往往是该病的诱因。眼观发炎部位的胃黏膜肿胀、潮红,被覆较多稀薄黏液,以胃底腺部黏膜最为严重,严重者偶见少量出血点。

2. 急性卡他性胃炎

急性卡他性胃炎是常见的一种胃炎类型,以胃黏膜表面被覆多量黏液和脱落上皮为特征。病因包括生物性(细菌、病毒、寄生虫等)因素、机械性(粗硬饲料、尖锐异物刺激)因素、物理性(冷、热刺激)因素、化学性(酸性或碱性物质、霉败饲料、化学药物)因素以及剧烈的应激等。其中,以生物性因素最为常见,损害最严重。眼观发炎部位胃黏膜,特别是胃底腺部黏膜呈现弥漫性充血、潮红、肿胀,黏膜面被覆多量浆液性、浆液-黏液性、脓性甚至血性分泌物,并常散发斑点状出血和糜烂。

3. 出血性胃炎

出血性胃炎以胃黏膜弥漫性或斑块状、点状出血为特征。病因包括各种病因造成的剧烈呕吐、强烈的机械性刺激、毒物中毒及某些传染病,如农药中毒、霉败饲料刺激、猪瘟、败血性猪丹毒等。眼观胃黏膜呈深红色的弥漫性、斑块状或点状出血,黏膜表面或胃内容物内含有游离的血液。时间稍久,血液渐呈棕黑色,与黏液混合成为淡棕色的黏稠物,附着在胃黏膜表面。

4. 纤维素性坏死性胃炎

纤维素性坏死性胃炎是以胃黏膜糜烂甚至形成溃疡,并在黏膜表面覆盖大量纤维素性渗出物为特征。由较强烈的致病刺激物、应激、寄生虫感染等因素引起,如误咽腐蚀性药物,猪应激性溃疡(合群打斗、运输等);也常见于某些传染病过程中,如猪瘟、沙门氏菌病、坏死杆菌及化脓性细菌感染等。眼观胃黏膜表面被覆一层灰白色、灰黄色纤维素性薄膜。浮膜性炎,假膜易剥离,剥离后,黏膜显示肿胀、充血、出血和糜烂;固膜性炎,纤维素膜与组织结合牢固,不易剥离,强行剥离则见溃疡形成。

5. 慢性胃炎

慢性胃炎是以黏膜固有层和黏膜下层结缔组织显著增生为特征的炎症。慢性胃炎病情缓和、病程较长,有的病例伴有显著增生,常常是由急性胃炎转化而来。多由急性胃炎发展转变而来,少数由寄生虫寄生所致。眼观胃黏膜表面被覆大量灰白色、灰黄色黏稠的液体,皱褶显著增厚。由于增生性变化,使全胃或幽门部黏膜肥厚,称肥厚性胃炎。有的胃黏膜由于增生不均匀,黏膜表面呈高低不平的颗粒状,称颗粒性胃炎,它较多发生于胃底腺部。随着病变的发展,有的由于腺体、肌层、胃黏膜萎缩变薄,胃壁由厚变薄,皱襞减少,称萎缩性胃炎。

十九、胃 溃 疡

胃黏膜表面组织的局限性坏死、缺损和溃烂。

各种不同的应激和饲养管理的不当,如饲喂间隔时间太长、饲料过干或过湿、过细或过粗等,均是导致胃溃疡的因素。应激与饲养管理不当,一方面可使猪全身性代谢紊乱;另一方面又能使胃黏膜上皮营养代谢失调,黏膜保护性能降低,被胃液的蛋白水解酶自我消化、损害,形成溃疡。此外,某些病原微生物、寄生虫等也可以引起胃溃疡。一般认为,胃溃疡的形成必须具备以下两个条件:即黏膜的营养障碍和胃液的侵蚀。诱发胃溃疡,黏膜营养障碍的病因很多,因血行异常所引起的胃溃疡,以出血和水肿是最常见的病因。由于出血和水肿部黏膜营养供给障碍,继发变性、坏死,逐渐被胃液消化形成溃疡,称为出血性溃疡,多见于急性传染病(如猪瘟、猪丹毒等)或中毒。眼观溃疡的大小不一,呈圆形或不规则形。溃疡的程度,由浅在的黏膜糜烂到完全穿孔:溃疡中心因坏死组织被胃液消化显示柔软液化,并呈污秽褐色。

二十、肠 炎

肠炎是指某段肠道或整个肠道的炎症。临床上,很多肠炎与胃炎往往同时发生,故称胃肠炎。

1. 急性卡他性肠炎

急性卡他性肠炎为临床上最常见的一种肠炎类型,多为各种肠炎的早期变化,以充血和渗出为主,主要以肠黏膜表面渗出多量浆液和黏液为特征。卡他性肠炎病因很多,有营养性、中毒性、生物性因素等几大类,如饲料粗糙、霉败、搭配不合理,饮水过冷、不洁,误食有毒植物,滥用抗生素导致肠道正常菌群失调及霉菌(黄曲霉毒素)导致的霉菌毒素中毒(黄曲霉毒素中毒),病毒、细菌、寄生虫感染引起的猪瘟、伪狂犬病、细小病毒性肠炎、传染性胃肠炎、仔猪黄痢、仔猪白痢、仔猪副伤寒等。眼观肠黏膜表面(或肠腔中)有大量半透明无色浆液或灰白色、灰黄色黏液,刮取覆盖物可见肠黏膜潮红、充血、肿胀,肠壁孤立淋巴滤泡和淋巴集结肿胀,形成灰白色结节,呈半球状凸起。

2. 出血性肠炎

出血性肠炎以肠黏膜明显出血为特征。病因主要有化学毒物引起的中毒,微生物感染(炭疽、钩端螺旋体病、急性猪丹毒、仔猪红痢、猪痢疾等)或寄生虫侵袭。眼观肠黏膜肿胀,有点状、斑块状或弥漫性出血,黏膜表面覆盖多量红褐色黏液,有时有暗红色血凝块。肠内容物中混有血液,呈淡红色或暗红色。

3. 化脓性肠炎

化脓性肠炎是由化脓菌引起的、以嗜中性粒白细胞渗出和肠壁组织脓性溶解为特征的肠炎。病因主要由各种化脓菌引起,如沙门氏菌、链球菌、志贺氏菌等,多经肠黏膜损伤部或溃疡面侵入。眼观肠黏膜表面被覆多量脓性渗出物,有时形成大片糜烂和溃疡。

4. 纤维素性肠炎

纤维素性肠炎是以肠黏膜表面被覆纤维素性渗出物为特征的炎症,临床上多为急性或亚急性经过。根据病变特点可分为浮膜性肠炎和固膜性肠炎。病因多数与病原微生物感染有关,如猪瘟、仔猪副伤寒、猪坏死性肠炎等。眼观初期肠黏膜充血、出血和水肿,黏膜表面有多量灰白色、灰黄色絮状、片状、糠麸样纤维素性渗出物,多量的渗出物形成薄膜被覆于黏膜表面。如果纤维素性薄膜在肠黏膜上易于剥离,肠黏膜仅有浅层坏死,则称为浮膜性肠炎,薄膜剥离后黏膜充血、水肿,表面光滑,有时可见轻度糜烂,肠内容物稀薄如水,常混有纤维素碎片;如果肠黏膜发生深层坏死,渗出的纤维蛋白与黏膜深部组织牢固结合,不易剥离,强行剥离后,可见黏膜出血和溃疡,则称为固膜性肠炎,也称为纤维素性坏死性肠炎,以亚急性、慢性猪瘟在大肠黏膜表面形成的"扣状肿"最为典型。

5. 慢性肠炎

慢性肠炎是以肠黏膜和黏膜下层结缔组织增生及炎性细胞(淋巴细胞为主,还有浆细胞、组织细胞)浸润为特征的炎症。主要由急性肠炎发展而来,也可由长期饲喂不当,肠内有大量寄生虫或其他致病因子所引起。眼观肠管臌气(肠蠕动减弱、排气不畅),肠黏膜表面被覆多量黏液,肠黏膜增厚;有时结缔组织增生不均,使黏膜表面呈现高低不平的颗粒状或形成皱褶。病程较长时,黏膜萎缩,增生的结缔组织收缩,肠壁变薄。

二十一、肾小球肾炎

肾小球肾炎是以肾小球的炎症为主的肾炎。炎症过程常常始于肾小球,然后逐渐波及肾球囊、肾小管和间质。根据病变波及的范围,肾小球肾炎可分为弥漫性和局灶性两类。病变累及两侧肾脏几乎全部肾小球者,为弥漫性肾小球肾炎;仅有散在的部分肾小球受累者,为局灶性肾小球肾炎。

1. 病因和机制

引起肾小球肾炎的病因尚不完全明确,近年来,应用免疫电镜和免疫荧光技术证实肾炎的发生主要通过两种方式:一种是血液循环内的免疫复合物沉着在肾小球基底膜上引起的,称为免疫复合物性肾小球肾炎;另一种是抗肾小球基底膜抗体与宿主肾小球基底膜发生免疫反应引起的,称为抗肾小球基底膜抗体型肾小球肾炎。

2. 类型和病理变化

(1)急性肾小球肾炎 起病急、病程短,病理变化主要在肾小球毛细血管网和肾球囊内,通常开始以血管球毛细血管变化为主,以后肾球囊内也出现明显病变。病变性质包括变质、渗出和增生三种变化,但不同病例,有的以增生为主,有的以渗出为主。眼观急性肾小球肾炎早期变化不明显,以后肾脏轻度或中度肿大、充血,包膜紧张,表面光滑,色较红,称"大红肾"。若肾小球毛细血管破裂出血,肾脏表面及切面可见散在的小出血点,形如蚤咬,称"蚤咬肾"。肾切面可见皮质由于炎性水肿而变宽,纹理模糊,与髓质分界清楚。

(2)亚急性肾小球肾炎　可由急性肾小球肾炎转化而来,或由于病因作用较弱,病势一开始就呈亚急性经过。眼观肾脏体积增大,被膜紧张,质地柔软,颜色苍白或淡黄色,俗称"大白肾"。若皮质有无数淤点,表示曾有急性发作。切面隆起,皮质增宽,苍白色、混浊,与颜色正常的髓质分界明显。

(3)慢性肾小球肾炎　可以由急性和亚急性肾小球肾炎演变而来,也可以一开始就呈慢性经过。慢性肾小球肾炎发病缓慢,病程长,常反复发作,是各型肾小球肾炎发展到晚期的一种综合性病理类型。眼观由于肾组织纤维化、瘢痕收缩和残存肾单位的代偿性肥大,肾脏体积缩小,表面高低不平,呈弥漫性细颗粒状,质地变硬,肾皮质常与肾被膜发生粘连,颜色苍白,故称"颗粒性固缩肾"或"皱缩肾",切面可见皮质变薄,纹理模糊不清,皮质与髓质分界不明显。

二十二、间质性肾炎

间质性肾炎是在肾脏间质发生的以淋巴细胞、单核细胞浸润和结缔组织增生为原发病变的非化脓性肾炎。

1. 病因和机制

本病病因尚不完全清楚,一般认为与感染、中毒性因素有关。某些细菌或病毒性传染病如布鲁氏菌病、钩端螺旋体病、副伤寒、猪大肠杆菌病等多有间质性肾炎的病变,青霉素类、先锋霉素、磺胺类药物过敏及寄生虫感染等都可引起间质性肾炎。

2. 类型和病理变化

急性弥漫性间质性肾炎的肾脏稍肿大,被膜紧张容易剥离,颜色苍白或灰白,切面间质明显增厚,灰白色,皮质纹理不清,髓质淤血暗红。亚急性和慢性弥漫性间质性肾炎的肾脏体积缩小,质地变硬,肾表面凹凸不平,呈淡灰色或黄褐色,被膜增厚,与皮质粘连,剥离困难,切面皮质变薄,皮质与髓质分界不清,这种肾炎眼观和显微镜下与慢性肾小球肾炎都不易区别。局灶性间质性肾炎眼观在肾脏表面及切面皮质部散在多数点状、斑状或结节状病灶。

二十三、肾 病

肾病是指以肾小管上皮细胞变性、坏死为主的一类病变,是由于各种内源性毒素和外源性毒物随血液流入肾脏而引起的。外源性毒物包括重金属(汞、铅、砷、铋和钴等)、有机溶剂(氯仿、四氯化碳)、抗生素(新霉素、多黏菌素)、磺胺类药物以及栎树叶与栎树籽实等,内源性毒素是许多疾病过程中产生的并经肾排出的毒素。毒性物质随血流进入肾脏,可直接损害肾小管上皮细胞,使肾小管上皮细胞变性、坏死。

坏死性肾病多见于急性传染病和中毒病,眼观两侧肾脏轻度或中度肿大,质地柔软,颜色苍白,切面稍隆起,皮质部略有增厚,呈苍白色,髓质淤血、暗红色。淀粉样肾病多见于一些慢性消耗性疾病,眼观肾脏肿大,质地坚硬,色泽灰白,切面呈灰黄色半透明的蜡样或油脂状。

二十四、子宫内膜炎

子宫内膜炎是由于子宫黏膜发生感染而引起的子宫黏膜的炎症过程。

1. 病 因

引起子宫内膜炎的病因很多,常见的为理化因素和生物因素。前者如用过热或过浓的刺激性消毒药水冲洗子宫、产道,以及难产时用器械或截胎后露出的胎儿骨端所造成的损伤而引起;后者主要是由细菌如化脓棒状杆菌、葡萄球菌、链球菌、大肠杆菌、沙门氏菌和布鲁氏菌等引起。

2. 类型和病理变化

(1)急性卡他性子宫内膜炎　眼观可见子宫浆膜无明显异常。但切开后可见子宫腔内积有混浊、黏稠而灰白色的渗出物,混有血液时呈褐红色(巧克力色)。子宫内膜充血和水肿,呈弥漫性或局灶性潮红肿胀,其中散在出血点或出血斑,子宫子叶及其周边出血尤为明显。有时由于黏膜上皮细胞变性、坏死组织与渗出的纤维素凝结在内膜表面形成假膜,假膜或呈半游离状态,或与内膜深部组织牢固结合不易剥离。炎症可以侵害一侧或两侧的子宫角及其他部分。

(2)慢性非化脓性子宫内膜炎　病理变化依病程的长短和病原体的不同而有不同的表现。一般在发病初期呈轻微的急性卡他性子宫内膜炎变化,如内膜充血水肿和白细胞浸润;继之淋巴细胞、浆细胞浸润,并有成纤维细胞增生,内膜增厚。以腺管周围的细胞浸润和成纤维细胞增生最显著,使内膜肥厚程度很不一致,显著肥厚部分呈息肉状隆起(慢性息肉性子宫内膜炎)。

(3)慢性囊肿性子宫内膜炎　增生的结缔组织压迫子宫腺排泄管,其分泌物排出受阻而蓄积在腺管内,使腺管呈囊状扩张,眼观在内膜上出现大小不等的囊肿,呈半球状隆起,内含白色混浊液,称之为慢性囊肿性子宫内膜炎。部分病例随着病变不断发展,黏液腺及增生的结缔组织萎缩,黏膜变薄,称为萎缩性子宫内膜炎。由于子宫腔内蓄积大量脓液(子宫积脓),使子宫腔扩张,触之有波动感。子宫腔内脓液的颜色因感染的化脓菌种类不同而不同,可呈黄色、绿色或红褐色。脓液有时稀薄如水,有时混浊浓稠,或呈干酪样。子宫内膜多覆盖坏死组织碎屑,形成糜烂或溃疡灶,在坏死组织中可检出菌落。

第三章　病理剖检及诊断技术

一、剖检概述

1. 剖检的意义

剖检是运用病理解剖知识,通过检查尸体的病理变化,来诊断疾病的一种方法。剖检时,必须对病尸的病理变化做到全面观察,客观描述,详细记录,然后进行科学分析和综合判断。

在临床实践上则经常应用这种方法对病猪进行死后诊断,其意义有以下三方面。

①提高临床诊断和治疗质量。在临床实践中,通过尸体剖检,可以检验临床诊断和治疗的准确性,及时总结经验,提高诊疗质量。

②尸体剖检是最为客观、快速的猪病诊断方法之一。对于一些群发性疾病,如传染病、寄生虫病、中毒性疾病和营养缺乏症等,通过尸体剖检,观察器官特征病变,结合临床症状和流行病学调查等,可以及早作出诊断,及时采取有效的防治措施。

③促进猪病研究。随着养殖业的迅速发展和一些新品种的引进,临床上常会出现一些新病,老病则可能发生新变化,给临床诊断造成一定的困难。对新的病例进行尸体剖检,可以了解其发病情况,疾病的发生、发展规律以及应采取的防治措施。诊断剖检的目的在于查明病猪发病和致死的原因、目前所处的阶段和应采取的措施。这就要求对待检病猪的全身每个脏器和组织都要做细致的检查,并汇总相关资料进行综合分析。只有这样,才能得出准确的结论。

2. 尸体的变化

猪死亡后,有机体变为尸体。因体内存在着的酶和细菌的作用以及外界环境的影响,机体逐渐发生一系列的死后变化。在检查判定大体病变前,正确地辨认尸体变化,可以避免把某些死后变化误认为生前的病理变化。

（1）尸冷　指猪死亡后，尸体温度逐渐降至外界环境温度水平的现象。尸冷之所以发生是由于机体死亡后，机体的新陈代谢停止，产热过程终止，而散热过程仍在继续进行。在死后的最初几小时，尸体温度下降的速度较快，以后逐渐变慢。通常在室温条件下，一般以1℃/小时的速度下降，因此死亡时间大约等于体温与尸体温度之差。尸体温度下降的速度受外界环境温度的影响，如受季节的影响，冬季天气寒冷将加速尸冷的过程，而夏季炎热将延缓尸冷的过程。检查尸体的温度有助于确定死亡的时间。

（2）尸僵　猪死亡后，肢体由于肌肉收缩变硬，四肢各关节不能伸屈，使尸体固定于一定的形状，这种现象称为尸僵。

猪死后最初由于神经系统麻痹，肌肉失去紧张力而变得松弛柔软，但经过很短时间后，肢体的肌肉即行收缩变为僵硬。尸僵开始的时间因外界条件及机体状态不同而异。大、中猪一般在死后1.5～6小时开始发生，10～24小时最明显，24～48小时开始缓解。尸僵从头部开始，然后是颈部、前肢、后躯和后肢的肌肉逐渐发生，此时各关节因肌肉僵硬而被固定，不能屈曲。解僵的过程也是从头、颈、躯干到四肢。除骨骼肌以外，心肌和平滑肌同样可以发生尸僵。在死后0.5小时左右心肌即可发生尸僵，尸僵时心肌的收缩使心肌变硬，同时可将心脏内的血液驱出，肌层较厚的左心室表现得最明显，而右心室往往残留少量血液。经24小时，心肌尸僵消失，心肌松弛。如果心肌变性或心力衰竭，则尸僵可不出现或不完全，这时心脏质地柔软，心腔扩大，并充满血液。因此，发生败血症时，尸僵不完全。

富有平滑肌的器官，如血管、胃、肠、子宫和脾脏等，平滑肌僵硬收缩，可使腔状器官的内腔缩小，组织质地变硬。当平滑肌发生变性时，尸僵同样不明显，例如败血症的脾脏，由于平滑肌变性而使脾脏质地变软。

了解尸僵有助于在诊断过程中加以鉴别。尸僵出现的早晚，发展程度，以及持续时间的长短，与外界因素和自身状态有关。如周围气温较高，尸僵出现较早，解僵也较迅速，寒冷时则尸僵出现较晚，解僵也较迟。肌肉发达的猪要比消瘦猪尸僵明显。死于破伤风或番木鳖碱中毒的猪，死前肌肉运动较剧烈，尸僵发生得快而且明显。死于败血症的猪，尸僵不显著或不出现。另外，如尸僵提前，说明猪急性死亡并有剧烈的运动或高热疾病，如破伤风；如尸僵时间延缓、拖后，尸僵不全或不发生尸僵，应考虑生前有恶病质或烈性传染病，如炭疽等。

除了注意时间以外,还要注意关节弯曲。但如果是尸僵,四个关节均不能弯曲,而如果是慢性关节炎,关节也不弯曲,但不能弯曲的关节只有一个或两个。

(3)尸斑　猪死亡后,由于心脏和大动脉的临终收缩及尸僵的发生,血液被排挤到静脉系统内,并由于重力作用,血液流向尸体的低下部位,使该部血管充盈血液,呈青紫色,这种现象称为坠积性淤血。尸体倒卧侧组织器官的坠积性淤血现象称为尸斑。一般在死后1～1.5小时即可能出现。尸斑坠积部的组织呈暗红色。初期,用指按压该部可使红色消退,并且这种暗红色的斑可随尸体位置的变更而改变。随着时间的延长,红细胞发生崩解,血红蛋白溶解在血浆内,并通过血管壁向周围组织浸润,结果使心内膜、血管内膜及血管周围组织染成紫红色,这种现象称为尸斑浸润,一般在死后24小时左右开始出现。改变尸体的位置,尸斑浸润的变化也不会消失。

检查尸斑对于死亡时间和死后尸体位置的判定有一定的意义。临床上应与淤血和炎性充血加以区别。淤血发生的部位和范围一般不受重力作用的影响,如肺淤血或肾淤血时,两侧的表现是一致的,肺淤血时还伴有水肿和气肿。炎性充血可出现在身体的任何部位,局部还伴有肿胀或其他损伤。而尸斑则仅出现于尸体的低下部,除重力因素外没有其他原因,也不伴发其他变化。

(4)尸体自溶　是指猪体内的溶酶体酶和消化酶如胃液、胰液中的蛋白解酶,在猪死亡后,发挥其作用而引起的自体消化过程。自溶过程中细胞组织发生溶解,表现最明显的是胃和胰腺,胃黏膜自溶表现为黏膜肿胀、变软、透明,极易剥离或自行脱落和露出黏膜下层,严重时可波及肌层和浆膜层,甚至出现穿孔。

(5)尸体腐败　是指尸体组织蛋白由于细菌作用而发生腐败分解的现象,主要是由于肠道内的厌氧菌的分解、消化作用,或血液、肺脏内细菌的作用,也有从外界进入体内细菌的作用。在腐败过程中,体内复杂的化合物被分解为简单的化合物,并产生大量气体,如氨气、二氧化碳、甲烷、氮气、硫化氢等。因此,腐败的尸体内含有大量的气体,并产生恶臭。尸体腐败的变化可表现在以下几个方面。

①死后臌气　这是胃肠内细菌繁殖,胃肠内容物腐败发酵、产生大量气体的结果。这种现象在胃肠道表现明显,尤其是反刍兽的前胃和单蹄兽的大肠更明显。此时,气体可以充满整个胃肠道,使尸体的腹部臌胀,肛门突出且哆开,严重臌气时可发生腹壁或横膈破裂。死后臌气应与生前臌气相区别,生前臌气压迫横膈使其前伸,造成胸内

压升高,引起静脉血回流障碍,呈现淤血,尤其是头、颈部,浆膜面还可见出血,而死后膨气则无上述变化。死后破裂口的边缘没有生前破裂口的出血性浸润和肿胀。在肠道破裂口处有少量肠内容物流出,但没有血凝块和出血,只见破裂口处的组织撕裂。

②肝、肾、脾等内脏器官的腐败 肝脏的腐败往往发生较早,变化也较明显。此时,肝脏体积增大,质地变软,污灰色,肝包膜下可见到小气泡,切面呈海绵状,从切面可挤出混有泡沫的血水,这种变化称为泡沫肝。肾脏和脾脏发生腐败时也可见到类似肝脏腐败的变化。

③尸绿 猪死后尸体变为绿色,称为尸绿。由于组织分解产生的硫化氢与红细胞分解产生的血红蛋白和铁相结合,形成硫化血红蛋白和硫化铁,致使腐败组织呈污绿色,这种变化在肠道表现得最明显。临床上可见到猪的腹部出现绿色。

④尸臭 尸体腐败过程中产生大量带恶臭的气体,如硫化氢、己硫醇、甲硫醇、氨气等,致使腐败的尸体具有特殊的恶臭气味。

通过尸体的自溶和腐败,可以使死亡的猪逐步分解、消失。但尸体腐败的快慢,受周围环境的温度和湿度及疾病性质的影响。适当的温湿度或死于败血症和有大面积化脓性炎症的猪,尸体腐败较快且明显。在寒冷、干燥的环境下或死于非传染性疾病的猪,尸体腐败缓慢且微弱。尸体腐败可使生前的病理变化遭到破坏,这样会给剖检工作带来困难。因此,病畜死后应尽早进行尸体剖检,以免死后变化与生前的病变发生混淆。

(6)血液凝固 猪死后不久还会出现血液凝固,即心脏和大血管内的血液凝固成血凝块。在死后血液凝固较快时,血凝块呈一致的暗红色。在血液凝固缓慢时,血凝块分成明显的两层,上层为主要含血浆成分的淡黄色鸡脂样凝血块,下层为主要含红细胞的暗红色血凝块,这是由于血液凝固前红细胞沉降所致。

血凝块表面光滑、湿润,有光泽,质柔软,富有弹性,并与血管内膜分离。血凝块与血栓不同,应注意区别。猪生前如有血栓形成,血栓的表面粗糙,质脆而无弹性,并与血管壁有粘连,不易剥离,硬性剥离可损伤内膜。在静脉内的较大血栓,可同时见到粘着于血管壁上呈白色的头部(白色血栓)、红白相间的体部(混合血栓)和全为红色的游离的尾部(红色血栓即血凝块)。

血液凝固的快慢与死亡的原因有关。由于败血症、窒息及一氧化碳中毒等死亡的猪,往往血液凝固不良。

二、剖检技术

1. 剖检前的准备

进行尸体剖检,尤其是剖检传染病尸体时,剖检者既要注意防止病原扩散,又要预防自身感染。因此,必须做好如下工作。

(1)剖检场地的选择　尸体剖检,特别是剖检传染病尸体,一般应在病理剖检室进行,以便消毒和防止病原扩散。如果条件不许可而在室外剖检时,应选择地势较高、环境较干燥,远离水源、道路、房舍和畜舍的地点进行。剖检前挖深2米的坑,剖检后将内脏、尸体连同被污染的土层投入坑内,再撒上石灰或喷洒10%石灰水、3%～5%来苏儿或克辽林,然后用土掩埋。

(2)常用器械和药品　根据死前症状或尸体特点准备解剖器械,一般应有解剖刀、剥皮刀、脏器刀、外科刀、脑刀、外科剪、肠剪、骨剪、骨钳、镊子、骨锯、双刃锯、斧头、骨凿、阔唇虎头钳、探针、量尺、量杯、注射器、针头、天平、磨刀棒或磨刀石等。如没有专用解剖器材,也可用其他合适的刀、剪代替。准备装检验样品的灭菌平皿、棉拭子和固定组织用的内盛10%福尔马林或95%酒精的广口瓶。常用消毒液,如3%～5%来苏儿、苯酚、克辽林、0.2%高锰酸钾、70%酒精、3%～5%碘酊等。此外,还应准备凡士林、滑石粉、肥皂、棉花和纱布等。

(3)剖检人员的防护　剖检人员,特别是在剖检传染病尸体时,应穿工作服,外罩胶皮或塑料围裙,戴胶手套、工作帽,穿胶鞋。必要时还要戴上口罩和眼镜。如缺乏上述用品时,可在手上涂抹凡士林或其他油类,保护皮肤,以防感染。在剖检中若不慎切破皮肤,应立即消毒和包扎。

在剖检过程中,应保持清洁,注意消毒。常用清水或消毒液洗去剖检人员手上和刀剪等器械上的血液、脓液和各种排出物。

剖检后,双手先用肥皂洗涤,再用消毒液冲洗。为了消除粪便和尸腐臭味,可先用0.2%高锰酸钾溶液浸洗,再用2%～3%草酸溶液洗涤,褪去棕褐色后,再用清水冲洗。

2. 剖检注意事项

（1）剖检时间　尸体剖检应在病畜死后愈早愈好。尸体放久后，容易腐败分解，尤其是在夏天，尸体腐败分解过程更快，这会影响对原有病变的观察和诊断。剖检最好在白天进行，因为在灯光下，一些病变的颜色（如黄疸、变性等）不易辨认。供分离病毒的脑组织要在猪死后 5 小时内采取。一般死后超过 24 小时的尸体，就失去了剖检意义。此外，细菌和病毒分离培养的病料要先无菌采取，最后再取病料做组织病理学检查。如尸体已腐烂，可锯一块带骨髓的股骨送检。

（2）了解病史　尸体剖检前，应先了解病畜所在地区的疾病流行情况、病畜生前病史，包括临床化验、检查和临床诊断等。此外，还应注意治疗、饲养管理和临死前的表现等方面的情况。

（3）自我防护意识　剖检前应在尸体体表喷洒消毒液；搬运尸体时，特别是炭疽、开放性鼻疽等传染病尸体，要用浸透消毒液的棉花团塞住天然孔，并用消毒液喷洒尸体后方可运送。

（4）病变的切取　未经检查的脏器切面不可用水冲洗，以免改变其原来的颜色和性状。切脏器的刀、剪应锋利，切开脏器时，要由前向后一刀切开，不要由上向下挤压或拉锯式地切开。切开未经固定的脑和脊髓时，应先使刀口浸湿，然后下刀，否则切面粗糙不平。

（5）尸检后处理

①衣物和器材　剖检中所用衣物和器材最好直接放入煮锅或手提高压锅内，经灭菌后，方可清洗和处理；解剖器械也可直接放入消毒液内浸泡消毒后，再清洗处理。胶皮手套消毒后，用清水洗净，擦干，撒上滑石粉。金属器械消毒清洁后擦干，涂抹凡士林，以免生锈。

②尸体　为了不使尸体和解剖时的污染物成为传染源，剖检后的尸体最好是焚化或深埋。对人兽共患病或烈性病尸体，要先用消毒药处理后再焚烧。野外剖检时，尸体要就地深埋，深埋之前在尸体上洒消毒液，尤其要选择具有强烈刺激性异味的消毒药如甲醛等，以免尸体被意外挖出。

③场地　剖检场地要进行彻底消毒，以防污染周围环境。如遇特殊情况（如禽流感），检验工作在现场进行，当撤离检验工作点时，要做终末消毒，以保证继用者的

安全。

3. 剖检记录与剖检报告

（1）剖检记录　是综合分析和诊断疾病的原始资料，也是剖检报告的重要依据，应与剖检同时进行。如因剖检人手紧缺不能同时进行时，可采取补记。

剖检记录的范围主要包括两方面的内容：一方面应记录畜主姓名、畜别、品种、性别、年龄、特征、生前表现与治疗情况、死亡时间、剖检时间、剖检地点、剖检编号、剖检人员等；另一方面应记录剖检所见，应遵循系统、客观、准确的原则，力求完整详细，如实反映尸体的各种病理变化，并明确描述病变的发生部位、大小、形状、结构、颜色、湿度、透明度、质地、气味、表面和切面的特征等。有些病变用文字难以表达时，可绘图补充说明，同时配合拍照或将整个器官保存下来（表3-1）。

表 3-1　尸体剖检记录

送检单位						送检人			
畜　别		品　种		性　别		年　龄		特　征	
病料种类	（尸体、活体、器官组织、其他病料）					送检日期			
临床摘要：（简要记录生前主要临床表现及诊断与治疗等情况）									
病理变化：（详细记录剖检所见，要力求完整详细）									
检验项目：（病理切片、细菌检验、病毒检验、毒物检验等）									
病理诊断：（根据剖检所见与检验结果，作出初步诊断）									
检验单位（盖章）　　检验医师（签名） 　　　　　　　　年　月　日　时									

（2）剖检报告　是根据尸体剖检记录剖检所见，结合生前表现及其他相关资料，综合分析剖检病变与生前症状的有机联系，阐明其发病与死亡原因，进而作出诊断结论，

并提出行之有效的防控措施。剖检报告的内容包括以下部分：

①概述 主要阐述畜主姓名、畜别、品种、性别、年龄、特征、死亡时间、剖检时间与地点、临床摘要及临床诊断等。

②剖检情况 剖检记录为依据，详细报告剖检变化，包括眼观变化和组织学变化及各种实验检查情况。

③病理剖检诊断 根据剖检所见，结合各器官的病变特点对各主要器官病变作出诊断。

④诊断结论 根据剖检诊断，结合生前临床诊断及其他有关材料，综合分析，得出病理诊断结论，并阐明其发病和致死的原因及提出防控措施与建议（表3-2）。

表 3-2 尸体剖检报告

送检单位						送检人			
畜 别		品 种		性 别		年 龄		特 征	
数 量	（尸体、活体、器官组织、其他病料）				送检日期				
临床摘要及临床诊断：									
病理剖检情况：									
结论：									
					检验单位(盖章)		检验医师(签名)		
							年 月 日 时		

4. 剖检的步骤

为了全面系统地检查尸体所呈现的病理变化，尸体剖检必须按照一定的方法和顺序进行。但考虑到器官和系统之间的生理解剖学关系，疾病的性质以及术式的简便和效果等，剖检方法和顺序不是一成不变的，而是依具体条件和要求有一定的灵活性。不管采用哪种方法都是为了高效率地检查全身各个组织器官。一般剖检先由体表开始，然后是体内；体内的剖检顺序，通常从腹腔开始，之后胸腔，再后则其他。通常采用的剖检顺序是：

（1）外部检查　在剥皮之前检查尸体的外表状态。主要包括以下几方面。

①尸体概况　畜别、品种、性别、年龄、毛色、特征、体态等。

②营养状态　可根据肌肉发育情况及皮肤和被毛状况判断。

③皮肤　注意被毛的光泽度，皮肤的厚度、硬度及弹性，有无脱毛、褥疮、溃疡、脓肿、创伤、肿瘤、外寄生虫等，有无粪泥和其他病理产物的污染。此外，还要注意检查有无皮下水肿和气肿。

④天然孔（眼、鼻、口、肛门、外生殖器等）　首先检查各天然孔的开闭状态，有无分泌物、排泄物及其性状、数量、颜色、气味和浓度等；其次应注意可视黏膜的检查，着重检查黏膜色泽变化。

⑤尸体变化　猪死亡后，舌尖伸出于卧侧口角外，由此可以确定死亡时的位置。尸体变化的检查，有助于判定死亡发生的时间、位置，并与病理变化相区别（检查项目见尸体变化）。

（2）内部检查　包括剥皮、皮下检查、体腔的剖开及内脏的采出和检查等。

①剥皮和皮下检查　尸体取背卧位，一般先切断肩胛骨内侧和髋关节周围的肌肉（仅以部分皮肤与躯体相连），将四肢向外侧摊开，以保持尸体仰卧位置。在剥皮过程中，注意检查皮下有无充血、出血、水肿、脱水、炎症和脓肿等病变，并观察皮下脂肪组织的多少、颜色、性状及病理变化的性质等。剥皮后，应对肌肉和生殖器官做大致检查。

②暴露腹腔和视检腹腔脏器　从剑状软骨后方沿腹壁正中线由前向后至耻骨联合切开腹壁，再从剑状软骨沿左右两侧肋骨后缘切开至腰椎横突。这样，腹壁被切成大小相等的两个楔形，将其向两侧分开，腹腔脏器即可全部露出。露出腹腔内的脏器，并立即进行视检。检查的内容包括：腹腔液的数量和性状，腹腔内有无异常内容物，腹膜的性状，腹腔脏器的位置和外形，横膈膜的紧张程度、有无破裂等。

③胸腔的剖开和胸腔脏器的视检　先检查胸腔压力，然后从两侧最后肋骨的最高点至第一肋骨的中央做二锯线，锯开胸腔。用刀切断横膈附着部、心包、纵隔与胸骨间的联系，除去锯下的胸骨，胸腔即被打开。

另一剖开胸腔的方法是：用刀（或剪）切断两侧肋软骨与肋骨结合部，再把刀伸入胸腔划断脊柱左右两侧肋骨与胸椎连接部肌肉，按压两侧胸壁肋骨，折断肋骨与胸椎的连接,即可敞开胸腔。

剖开胸腔,注意检查胸腔液的数量和性状,胸腔内有无异常内容物,胸膜的性状,以及肺脏、胸腺、心脏等。

④腹腔脏器的采出　腹腔脏器的采出与检查可以同时进行,也可以先采出后检查。腹腔脏器的采出包括胃、肠、肝、脾、胰、肾和肾上腺等的采出。有两种方法:

第一种方法,胃肠全部取出:先将小肠移向左侧,以暴露直肠,在骨盆腔中单结扎。切断直肠,左手握住直肠断端,右手持刀,从向前腰背部分离割断肠系膜根部等各种联系,至膈时,在胃前单结扎剪断食管,取出全部胃肠道。

第二种方法,胃肠道分别取出:在回盲韧带(将结肠圆锥体向右拉,盲肠向左拉,即可看到回盲韧带),游离缘双结扎,剪断回肠,在十二指肠道,双结扎剪断十二指肠。左手握住回肠断端,右手持刀,逐渐切割肠系膜至十二指肠结扎点,取出空肠和回肠。先仔细分离十二指肠、胰与结肠的交叉联系,再从前向后分离割断肠系膜根部和其他联系,最后分离并单结扎剪断直肠,取出盲肠、结肠和直肠。取出十二指肠、胃和胰。

取出腹腔的各器官后要逐一细致检查,可按脾、肠、胃、肝、肾的次序检查。

⑤胸腔脏器的采出　为使咽、喉头、气管、食管和肺联系起来,以观察其病变的互相联系,可把口腔、颈部器官和肺脏一同采出。但在大猪一般都采用口腔、颈部器官、胸腔器官的顺序分别采出。

⑥口腔和颈部器官的采出　先检查颈部动静脉、甲状腺、唾液腺及其导管,颌下和颈部淋巴结有无病变,然后采出口腔和颈部的器官。

⑦颈部、胸腔和腹腔器官的检查　脏器的检查最好在采出的当时进行,因为此时脏器还保持着原有的湿润度和色泽。如果采出过久,由于受周围环境的影响,脏器的湿润度和色泽会发生很大的变化,使检查困难。但是,应用边采出边检查的方法,在实际工作中也非常不便,因为与病畜发病和致死原因有关的病变有时被忽略。通常,腹腔、胸腔及颈部各器官与病畜发病致死等问题的关系最密切,所以这三部分脏器采出之后就要进行检查。检查后,再按需要采出和检查其他各部分。至于这三部分器官的检查顺序应服从疾病的情况,即先取与发病和致死的原因最有关系的器官进行检查,与该病理过程发生发展有联系的器官可一并检查。或考虑到对环境的污染,应先检查口腔器官,再检查胸腔器官,之后再检查腹腔脏器中的脾和肝脏,最后检查胃肠道。总之,检查顺序要服从于检查目的和现场的情况,不应墨守成规。既要细致搜索和观察

重点的病变,又要照顾到全身一般性检查。脏器在检查前要注意保持其原有的湿润程度和色彩,尽量缩短其在外界环境中暴露的时间。

⑧骨盆腔脏器的采出和检查 在未采出骨盆腔脏器前,先检查各器官的位置和概貌。可在保持各器官的生理联系下一同采出。公畜先分离直肠并进行检查,然后检查包皮、龟头、尿道黏膜、膀胱、睾丸、附睾、输精管、精囊及尿道球腺等;母畜检查直肠、膀胱、尿道、阴道、子宫、输卵管和卵巢的状态。如剖检妊娠子宫,要注意检查胎儿、羊水、胎膜和脐带等。

⑨脑的采出和检查 剖开颅腔采出脑后,先观察脑膜有无充血、出血和淤血。再检查脑回和脑沟的状态(禽除外),然后切开大脑,检查脉络丛的性状和脑室有无积水。最后横切脑组织,检查有无出血及溶解性坏死等变化。

⑩鼻腔的剖开和检查 用骨锯(大、中猪)或骨剪(小猪和禽)纵行把头骨分成两半,其中的一半带有鼻中隔,或剪开鼻腔,检查鼻中隔、鼻道黏膜、额窦、鼻甲窦、眶下窦等。

⑪脊椎管的剖开与脊髓的采出、检查 剖开脊柱取出脊髓,检查软脊膜、脊髓液、脊髓表面和内部。

⑫肌肉、关节的检查 肌肉的检查通常只是对肉眼上有明显变化的部分进行,注意其色泽、硬度,有无出血、水肿、变性、坏死、炎症等病变;关节的检查通常只对有关节炎的关节进行,看关节部是否肿大,可以切开关节囊,检查关节液的含量、性质和关节软骨表面的状态。

⑬骨和骨髓的检查 主要对骨组织发生疾病的病例进行,先进行肉眼观察,检验其硬度及其断面的形象。骨髓的检查对于与造血系统有关的各种疾病极为重要。检查骨干和骨端的状态,红骨髓、黄骨髓的性质、分布等。

5. 组织器官检查要点

(1)淋巴结 要特别注意颌下淋巴结、颈浅淋巴结、髂下淋巴结、肠系膜淋巴结、肺门淋巴结等的检查。注意检查其大小、颜色、硬度,与其周围组织的关系及横切面的变化。

(2)肺脏 首先注意其大小、色泽、重量、质度、弹性、有无病灶及表面附着物等。然后用剪刀将支气管剪开,注意检查支气管黏膜的色泽、表面附着物的数量、黏稠度。最后将整个肺脏纵横切割数刀,观察切面有无病变,切面流出物的数量、色泽变化等。

(3)心脏　先检查心脏纵沟、冠状沟的脂肪量和性状,有无出血。然后检查心脏的外形、大小、色泽及心外膜的性状。最后切开心脏检查心腔,沿左侧纵沟切开右心室及肺动脉,同样再切开左心室及主动脉。检查心腔内血液的性状,心内膜、心瓣膜是否光滑,有无变形、增厚、心肌的色泽、质度、心壁的厚薄等。

(4)脾脏　脾脏摘出后,注意其形态、大小、质度;然后纵行切开,检查脾小梁、脾髓的颜色,红、白髓的比例,脾髓是否容易刮脱。

(5)肝脏　先检查肝门部的动脉、静脉、胆管和淋巴结。然后检查肝脏的形态、大小、色泽、包膜性状及有无出血、结节、坏死等。最后切开肝组织,观察切面的色泽、质度和含血量等情况。注意切面是否隆突,肝小叶结构是否清晰,有无脓肿、寄生虫性结节和坏死等。

(6)肾脏　先检查肾脏的形态、大小、色泽和质度,然后由外侧面向肾门部将肾脏纵切为相等的两半,检查包膜是否容易剥离,肾表面是否光滑,皮质和髓质的颜色、质度、比例、结构,肾盂黏膜及肾盂内有无结石等。

(7)胃的检查　检查胃的大小、质度、浆膜的色泽,有无粘连、胃壁有无破裂和穿孔等,然后沿胃大弯剖开胃,检查胃内容物的性状、黏膜的变化等。

(8)肠管的检查　从十二指肠、空肠、回肠、大肠、直肠分段进行检查。在检查时,先检查肠管浆膜面的情况,然后沿肠系膜附着处剪开肠腔,检查肠内容物及黏膜情况。

(9)骨盆腔器官的检查　公畜生殖系统的检查,从腹侧剪开膀胱、尿管、阴茎,检查输尿管开口及膀胱、尿道黏膜,尿道中有无结石,包皮、龟头有无异常分泌物;切开睾丸及副性腺检查有无异常。母畜生殖系统的检查,沿腹侧剪开膀胱,沿背侧剪开子宫及阴道,检查黏膜、内腔有无异常;检查卵巢形状,卵泡、黄体的发育情况,输卵管是否扩张等。

6. 病料的采取、保存、包装和送检

在尸体剖检时,为了进一步作出确切诊断,往往需要采取病料送实验室进一步检查。送检时,应严格按病料的采取、保存和寄送方法进行,具体做法如下。

(1)病理组织材料的采取和送检　采取的病理材料要采样全面,而且具有代表性,

保持主要组织结构的完整性,如肾脏应包括皮质、髓质和肾盂;胃肠应包括从黏膜到浆膜的完整组织等。采取的病料应选择病变明显的部位,而且应包括病变组织和周围正常组织,并应多取几块。切取组织块时,刀要锋利,应注意不要使组织受到挤压和损伤,切面要平整。要求组织块厚度 5 毫米,面积 1.5～3 厘米²;易变形的组织应平放在纸片上,一同放入固定液中。

病理组织材料用 10％福尔马林溶液固定,固定液量为组织体积的 5～10 倍。容器底应垫脱脂棉,以防组织固定不良或变形,固定时间为 12～24 小时。已固定的组织,可用固定液浸湿的脱脂棉或纱布包裹,置于玻璃瓶封固或用不透水塑料袋包装于木匣内送检。送检的病理组织学材料要有编号、组织块名称、数量、送检说明书和填写送检单,供检验单位诊断时参考。

（2）微生物检验材料的采取和送检　采取病料应于病畜死后立即进行,或于病畜临死前扑杀后采取,尽量避免外界污染,以无菌操作采取所需组织,采后放在事先消毒好的容器内。所采组织的种类,要根据诊断目的而定。如急性败血性疾病,可采取心血、脾、肝、肾、淋巴结等组织供检验;生前有神经症状,可采取脑、脊髓或脑脊液;局部性疾病,可采取病变部位的组织如坏死组织、脓肿病灶、局部淋巴结及渗出液等材料。在采取与外界接触过的脏器病料时,可先用烧红的热金属片在器官表面烧烙,然后除去烧烙过的组织,从深部采病料,迅速放在消毒好的容器内封好;采集体腔液时可用注射器吸取;脓汁可用消毒棉球收集,放入消毒试管内;胃肠内容物可收集放入消毒广口瓶内或剪一段肠管两端扎好,直接送检;血液涂片固定后,两张涂片涂面向内,用火柴杆隔开扎好,用厚纸包好送检;小猪可整个尸体包在不漏水的塑料袋中送检;对疑似病毒性疾病的病料,应放入 50％甘油生理盐水溶液中,置于灭菌的玻璃容器内密封、送检。

采取病料用的刀、剪、镊子等设备、器械,使用前、后均应严格消毒。送检微生物学检验材料要有编号、检验说明书和送检报告单。同时,应在冷藏条件下派专人送检。

7. 中毒病料的采取与送检

应采取肝、胃等脏器的组织,血液和较多的胃肠内容物和食后剩余的饲草、饲料,分别装入清洁的容器内,注意不能与任何化学药剂接触混合,密封后在冷藏(装于放有冰块的保温瓶内)的条件下送检。

三、病理诊断分析技术

1. 影响病理变化的因素

(1)病原体的特性 细菌、病毒、霉形体、真菌等不同种类的病原体,可引起不同的疾病,毒株(菌株)不同,对病变的形成也具有明显影响。

(2)机体的状态 营养、免疫与否和免疫的效果、年龄、品种等对疾病的病变性质和程度会产生影响。

(3)饲养管理条件 饲养管理的好坏与病变形成有一定的相关性。

(4)地理环境条件 同一疾病在不同地区可有不同程度的表现,但疾病的性质一般不变。

(5)治疗情况 是否经过用药治疗,往往对病变会产生影响。

(6)病程 急性、亚急性和慢性不同的病程,由于病变形成需要时间,其病变也不尽相同。

(7)混合感染和继发感染 往往影响典型病变的形成和出现,剖检时应注意识别,总结时要辩证地分析。

2. 疾病病理学诊断的理论依据

每种疾病的病理变化都具有普遍性和特殊性,如各种传染病都有其相应的病原体,由于不同的病原体都具有其特有的生物学特性,对机体器官具有特异的选择性,所以,除了表现出其特有的流行特点、特异症状外,还表现出其典型的病理变化。因此,在进行病理学诊断时,应当在普遍性的基础上,注意总结每种疾病的特殊性才具有诊断意义。

3. 病变的认识和分析

(1)辩证认识与分析 进行病理诊断时,切忌主观随意性、片面性和表面性,应客观、全面、辩证地分析病变。要善于从大量现象中去粗取精、去伪存真、由表及里,从现象到本质,最后作出正确诊断。任何一种病变形成,都是在正常的代谢功能形态的基础上发展而来的。一般情况下往往都是先出现代谢和功能变化,然后是形态学变化。对某一病变要认识发生发展的全过程,这样才能准确识别病变。进行病理学诊断还要参考其他诊断方法如流行病学诊断、临床症状诊断、微生物学与免疫学诊断、临床诊治情况等,作出综合诊断。

(2)辨明疾病病理过程的假象

①生前病变具有病症诊断意义。生前的病理变化是致病因素与机体防御能力相互作用的结果,具有一定的特征性或特异性,可作为疾病诊断的依据。死后变化是尸体自溶与腐败的结果,无疾病的特征性或特异性。

②濒死期病变与死后变化无诊断价值。急性死亡的濒死期病变不应作为疾病的诊断依据,但可作为追索死亡时间的参考。例如,濒死期往往出现左心内膜出血,肺尖部淤血出血、肺急性出血等,这在兽医学上具有一定的价值。

③局部病变和全身病变的关系。尿路感染可引起肾炎;胃肠炎可引起肝变性;器官的炎症往往引起该器官所属淋巴结的变化。因此,分析病理变化要注意局部变化和全身其他部位病变的联系。

④生前病变和死后病变的鉴别。生前病变具有炎症、出血肿胀、水肿、纤维素性渗出等变化,死后缺乏这种变化。如胃肠生前破裂,破口边缘有炎症、肿胀、纤维素性渗出等变化;而死后破裂,破口边缘没有以上变化。

4. 病理诊断分析要点

(1)分清病理过程的主次　任何一种疾病的某一病例,都要出现许多临床症状及病理过程,特别是一些非传染性疾病,往往都可以找出最主要的死亡原因及直接致死原因,如便秘、肠破裂等。同一疾病不同病例,在形态学上表现,虽然主要的病理形态学变化基本一致,但由于病因的强度、机体的状态、病程等不同,所以同一疾病的同一器官的形态学变化还是有差异的,因此在判断时应分清病理过程的主次,找出疾病的主要形态学变化,特别是一些传染病,通常情况下都可以找出最主要的形态学变化,由此去分析和判断,最后作出科学的诊断。

(2)分析病变的先后

①同一疾病,在流行的不同阶段,可以出现不同型。初期往往是最急性型的败血型,中期亚急性型,后期慢性型。例如,猪瘟初期为急性型,中期胸型或继发肺疫,后期

肠型有典型的扣状肿或继发副伤寒。

②病变出现的先后,要根据病变的特征、新旧程度来分析。如猪瘟淋巴结出血急性较鲜艳;慢性被吸收,较陈旧、色暗。

③要根据某一病变的形成过程判断其先后。如猪瘟扣状肿的形成,结核结节、肿瘤的原发灶和转移灶等。

(3)全面观察,综合分析 对疾病的诊断,特别是群发病,要寻找病变群,一个病例往往代表该疾病的某一侧面。所以,应多剖检几个病例,才能够全面、客观、真实地反映出该疾病的病理特征,即所谓病变群。也就是同一疾病的典型病变不一定在一个病例身上全部表现出来,因此应多剖检一些病例才具有代表性,为诊断疾病提供依据。最后在全面观察和综合分析的基础上分析病因,作出诊断。

5. 病理诊断常见错误

(1)认识方法偏误 正确的病理诊断乃是正确地抓住了基本病变,能反映疾病的本质,不但能完善地解释已有的病史、大体标本和组织形态变化,而且将在以后的临床随访或尸体剖检中得到证实。病理误诊的原因很多,绝大多数原因在于观察和分析方法错误。主观主义、经验主义都是病理诊断的大敌,必须坚决克服。还有一些由于工作草率不细致造成的错误,如将标本遗失、号码颠倒、内容污染以及报告抄写错误等,都将影响最终诊断准确与否。

(2)病检材料不当 尸检取材不足或不当,以致病变特点不明显,是病理误诊的一个主要原因。若对疾病病理学有一定了解,则常能取送适当的材料。现场观察患病猪也能弥补这一欠缺。必要时,做连续切片或转方向切片,有时也能增加病变材料,作出合理诊断。对于手术大标本,要多采取有代表性的部位,特别是肿瘤边缘或包膜内外,对于判断肿瘤的组织发生,尤其对于判断肿瘤的良恶性有很大帮助。

(3)疾病的复杂性 病理组织本身的变性、新旧坏死、新旧出血、钙化和炎细胞、内皮细胞、纤维组织增生等变化有时很显著,掩盖了基本的变化,也是误诊的一个原因。多做切片,在观察时,把这些变化作适当估计,去伪存真,一般就能够抓住基本变化。

在现阶段,病理诊断技术尚在发展中,对于许多疾病的病理过程仍有许多未知的环节,这些都是兽医工作者所面临的课题。

四、病变提示的疾病

1. 鼻

鼻孔流出黏性或脓性分泌物或泡沫液体：多见于猪肺疫、猪气喘病、猪流感、猪弓形虫病、猪链球菌病、猪接触传染性胸膜肺炎、猪巨细胞病毒感染、大叶性肺炎。

鼻出血，鼻歪，鼻甲骨萎缩，颜面部变形或歪斜，流鼻液：多见于猪传染性萎缩性鼻炎。

鼻端（鼻镜部）出现水疱或烂斑：临床多见于口蹄疫、猪水疱病。

鼻流血：多见于外伤、猪传染性萎缩性鼻炎、炭疽、猪丹毒、热射病。

一侧鼻孔流出鲜血，鼻梁肿胀，有外伤史：多见于鼻黏膜损伤。

鼻孔流出暗红色血液，呈酸性反应，且血中混有食糜：多见于胃出血。

2. 眼

眼结膜充血有脓性眼眵：多见于猪瘟、猪丹毒。

整个眼部充血、流泪：多见于流感、感冒。

流泪，眼眶下皮肤有半月状"泪斑"：多见于猪传染性萎缩性鼻炎、猪链球菌病。

上、下眼睑水肿：多见于猪水肿病、猪巨细胞病毒感染、肾病。

眼结膜苍白、黄染：临床多见于附红细胞体病、钩端螺旋体病。

3. 口 腔

呕吐：多见于猪传染性胃肠炎、猪流行性腹泻、轮状病毒感染、博卡病毒感染、猪瘟、猪丹毒、猪弓形虫病、霉菌毒素中毒。

口腔水疱、烂斑：多见于口蹄疫、猪水疱病。

口腔黏膜溃疡、上覆假膜：临床多见于猪坏死杆菌病。

4. 耳

耳朵尖端出现干性坏死：多见于猪沙门氏菌病、慢性猪瘟、猪弓形虫病、猪坏死杆菌病。

耳朵发绀:临床多见于猪繁殖与呼吸综合征、猪瘟、副猪嗜血杆菌病、猪巨细胞病毒感染、猪接触传染性胸膜肺炎、

整个耳肿胀,病变部皮肤呈紫红色,触诊有波动感:临床多见于耳血肿。

5. 咽喉和颈部

咽喉部肿胀:多见于猪肺疫、咽喉炎。

颈部上部局部肿胀:多见于注射某些刺激性强的药物或注射部位感染。

颌下间隙肿大:多见于慢性链球菌性脓肿。

6. 被毛、皮肤、四肢

被毛粗乱及竖立:多见于各种传染病、寄生虫病及霉菌毒素中毒。

全身皮肤苍白、黄染:多见于附红细胞体病、钩端螺旋体病。

全身皮肤黄染:多见于黄脂病、肝脏病及某些药物(如病毒唑)中毒。

全身特别是四肢皮肤有出血斑、点:多见于猪瘟、非洲猪瘟、仔猪副伤寒、湿疹。

全身特别是四肢皮肤呈紫红色:多见于猪繁殖与呼吸综合征、猪肺疫、仔猪副伤寒、链球菌病。

背部皮肤有淤血斑块:多见于猪丹毒、猪弓形虫病、仔猪副伤寒。

1周龄内仔猪皮肤有红色丘疹:多见于葡萄球菌病。

头部、背部皮肤增厚且有灰白色皮屑:多见于真菌病、锌缺乏症。

头、耳、背部皮肤增厚、皱褶且有奇痒、脱毛:临床多见于疥螨病、湿疹。

皮肤潮红、充血、出血:多见于猪瘟、猪丹毒、猪肺疫、猪弓形虫病、链球菌病。

皮肤有方形或菱形疹块:多见于猪丹毒。

皮肤痘疹、红点:多见于猪痘、附红细胞体病、猪圆环病毒感染。

皮肤脓肿:多见于猪链球菌病。

肛门周围和尾部有灰白色糊状腥臭粪便污染:多见于仔猪白痢。

肛门周围和尾部有粪便污染:多见于腹泻性疾病。

阴鞘积尿:多见于猪瘟。

睾丸肿胀发炎:多见于猪布鲁氏菌病、猪乙型脑炎。

关节肿胀：多见于猪丹毒、链球菌病。

蹄部、乳房水疱、烂斑：多见于口蹄疫、猪水疱病。

7. 淋巴结

体表淋巴结肿胀：多见于猪链球菌病、猪圆环病毒感染及各种感染。

体表淋巴结肿胀化脓：多见于猪链球菌病及各种感染。

颌下淋巴结肿大，出血性坏死：多见于猪炭疽、链球菌病。

全身淋巴结有大理石样出血变化：多见于猪瘟。

咽、颈及肠系膜淋巴结有黄白色干酪样坏死灶：多见于猪结核。

肠系膜和肠系膜淋巴结水肿：多见于猪水肿病、猪圆环病毒感染。

淋巴结充血、水肿、小点状出血：多见于急性猪肺疫、猪丹毒、猪链球菌病。

支气管淋巴结髓样肿胀：多见于猪气喘病、猪肺疫、传染性胸膜肺炎。

8. 肝

小坏死灶：多见于猪沙门氏菌病、猪弓形虫病、猪李氏杆菌病、伪狂犬病。

胆囊出血：多见于猪瘟、胆囊炎。

肝硬变：多见于猪圆环病毒感染。

9. 脾

边缘有出血性梗死灶：多见于猪瘟、猪链球菌病。

脾稍肿大，呈樱桃红色：多见于猪丹毒。

脾淤血，肿大，灶状坏死：多见于猪弓形虫病。

脾边缘有小点状出血：多见于仔猪红痢。

脾肿大，有大梗死灶：多见于猪圆环病毒感染。

10. 胃

胃黏膜斑点状出血，溃疡：多见于猪瘟、胃溃疡。

胃黏膜充血、卡他性炎症，呈大红布样：多见于猪丹毒、食物中毒。

胃浆膜和黏膜水肿：多见于水肿病。

11. 小　肠

黏膜小点状出血:多见于猪瘟、肠炎。

节段状出血性坏死,浆膜下有小气泡:多见于仔猪红痢。

以十二指肠为主的出血性、卡他性炎症:多见于仔猪黄痢、猪丹毒、食物中毒。

12. 大　肠

盲肠、结肠黏膜灶状或弥漫性坏死:多见于慢性副伤寒。

盲肠、结肠黏膜纽扣状溃疡:多见于猪瘟。

大肠糠麸样坏死:多见于仔猪副伤寒。

卡他性、出血性炎症:多见于猪痢疾、胃肠炎、食物中毒。

黏膜下高度水肿:多见于水肿病。

盲肠和结肠黏膜有出血性坏死、水肿、溃疡,黏膜表面有黄白色寄生虫体,虫体前部细长,后部粗短,形似鞭状:多见于猪毛尾线虫病。

脱肛:多见于玉米赤霉烯酮毒素中毒、遗传病。

13. 腹　部

整个腹部对称性膨大,触诊有流水音及水平浊音区:多见于腹水症。

腹部局部凸出呈软囊状,手压迫后可缩小,听诊该部有肠蠕动音:多见于腹壁疝。

整个腹部膨大下垂,呈左右对称性膨大,并且还伴有消瘦,被毛稀少,皮肤粗糙:多见于猪囊尾蚴病。

14. 生殖系统

外阴红肿,阴道脱出:多见于玉米赤霉烯酮毒素中毒。

阴道脱出:多见于玉米赤霉烯酮毒素中毒、阴道损伤、缺乏运动、常量和微量元素缺乏。

阴门流出恶臭脓性絮状分泌物:多见于子宫内膜炎。

单侧性睾丸肿胀:多见于流行性乙型脑炎、外伤感染。

双侧性睾丸肿胀:多见于猪布鲁氏菌病、外伤感染。

15. 肺和胸膜

出血斑点：多见于猪瘟、猪肺疫、猪接触传染性胸膜肺炎。

心叶、尖叶、中间叶肝样变或胰样变：多见于猪气喘病。

水肿，小点状坏死：多见于猪弓形虫病。

粟粒性、干酪样结节：多见于猪结核病。

肺和胸膜有纤维蛋白渗出物：多见于猪接触传染性胸膜肺炎、副猪嗜血杆菌病、猪肺疫。

肺间质水肿：多见于猪弓形虫病、猪繁殖与呼吸综合征、烟曲霉毒素中毒。

16. 心　脏

心外膜斑点状出血：多见于猪瘟、猪肺疫、链球菌病。

心肌条纹状坏死带：多见于口蹄疫。

纤维素性心外膜炎：多见于猪接触传染性胸膜肺炎、副猪嗜血杆菌病、猪肺疫。

心瓣膜菜花样增生物：多见于慢性猪丹毒。

心肌内有米粒大灰白色囊泡：多见于猪囊尾蚴病。

17. 肾

肾皮质与肾髓质有小点状出血：多见于猪瘟。

小坏死灶：多见于伪狂犬病。

肿大、出血：多见于猪丹毒、猪圆环病毒感染。

18. 膀　胱

膀胱黏膜有出血斑点：多见于猪瘟、膀胱炎。

下篇 猪病病理诊断及防治精要

第四章 多器官受损为主要症状的猪病

一、猪 瘟

猪瘟是由猪瘟病毒引起的猪的一种高度接触性传染性、致死性传染病,其特征为高热稽留,小血管变性引起广泛出血、梗塞和坏死。

我国是猪瘟发生较多的国家之一,自从 20 世纪 50 年代后期广泛应用了猪瘟兔化弱毒疫苗,采取有效措施基本控制了流行,许多地区已无本病发生,但近年来又有抬头趋势。

1. 诊断精要

【病理诊断】 急性型猪瘟病死猪淋巴结水肿,周边出血,呈大理石样或血瘤。脾不肿大,边缘梗死,稍突出,紫黑色(猪瘟所特有)。肾脏颜色较淡,表面有针尖大小出血斑,肾脏呈"雀斑肾",有时在髓质或肾盂、乳头也有出血斑。皮肤、喉头、胆囊、胃底黏膜、肠浆膜出血、膀胱黏膜有出血。

慢性猪瘟病死猪上述出血、梗死变化不明显。心肌出血,盲肠、结肠由于有坏死性肠炎形成同心轮层状的纽扣状肿,是慢性猪瘟的典型特征。肠浆膜出血,部分猪肋骨末端与软骨交界处骨化障碍,可见黄色骨化线。

【临床诊断】 本病仅发生于猪。急性型病猪体温 40～41℃或更高,稽留,畏寒,白细胞数减少。眼有多量黏、脓性分泌物,清晨可见两眼粘封。先便秘,后腹泻。鼻端、耳、四肢、腹下、会阴等处皮肤有出血斑点。公猪包皮积尿。有些仔猪可见神经症状,磨牙、运动障碍、痉挛。慢性型病猪消瘦,贫血,衰弱,便秘与腹泻交替。母猪妊娠时感染低毒,可发生流产、死胎、木乃伊胎、畸形胎、弱仔。先天感染的正常仔猪,可终生病毒血症,长期带毒。

【实验室诊断】 基层广泛采用兔体交互免疫诊断,方法是将病死猪病料乳剂给兔进行耳静脉注射,每日3～4次测体温,1周后用一定量的猪瘟兔化弱毒疫苗耳静脉注射,每天测温,根据体温反应判定(表4-1)。

表4-1　兔体交互免疫诊断猪瘟结果判定

组　别	发　热		结果判定
	注射病料	注射猪瘟兔化弱毒疫苗	病料是否存在猪瘟强毒
1	－	－	有猪瘟强毒
2	－	＋	没有猪瘟强毒
3	＋	＋	没有猪瘟强毒
4	＋	－	没有猪瘟强毒,有猪瘟兔化弱毒疫苗

注:"－"表示体温不变,"＋"表示体温升高

【鉴别诊断】

(1)猪丹毒　传播较慢,多发生于3～12月龄猪,夏季多见,病程短,发病率和病死率较低,有食欲,眼清亮有神,步态僵硬或有跛行,很少腹泻。剖检可见肾、淋巴结淤血、肿大,樱桃红色,胃、小肠严重出血,用青霉素治疗有显著效果;病料染色镜检可见到红斑丹毒丝菌。

(2)猪副伤寒　主要发生于2～4月龄仔猪,发病率不高,慢性病猪顽固性下痢,体温不高。剖检皮肤有红紫斑,脾、肠系膜淋巴结肿大,肝有灰黄色坏死灶,大肠糠麸状坏死,治疗有效。

(3)猪肺疫　多发于气候多变季节,与饲养管理有关。急性猪肺疫咽喉肿胀,口鼻流黏沫,咳嗽、呼吸困难。剖检可见急性肺水肿或广泛的肺炎。咽、颈淋巴结出血,切面红色,病料染色镜检可见巴氏杆菌。

(4)败血性链球菌病　多见于仔猪,常有多发性关节炎和脑膜脑炎症状,病程短。剖检各器官充血、出血,心包液增量,脾肿大,有神经症状,脑膜充、出血,脾有化脓性炎症变化。脑脊髓液增量,病料染色镜检可见链球菌。

(5)弓形虫病　也见高热稽留、皮肤紫红斑或出血点、大便干燥等,但弓形虫病还表现呼吸极度困难,腹股沟淋巴结明显肿大,白细胞总数增加,初期磺胺类药物治疗有效。剖检可见肺水肿,肝、淋巴结肿大,脾肿大或萎缩,肺、肝、脾均有出血点、坏死灶,肺实质有充血、水肿、变性、坏死。取肺、支气管淋巴结涂片染色镜检,可检出弓形虫。

2. 防治精要

本病重在预防,主要包括以下措施:

(1)提高易感动物的免疫力 注射猪瘟疫苗,对所有猪进行强制免疫。

商品猪:25～35 日龄初免,60～70 日龄加强免疫 1 次。

种公猪:25～35 日龄初免,60～70 日龄加强免疫 1 次,以后每 6 个月免疫 1 次。

种母猪:25～35 日龄初免,60～70 日龄加强免疫 1 次,以后每次配种前免疫 1 次。

每年春、秋两季集中免疫,每月定期补免。

发生疫情时对疫区和受威胁地区所有健康猪进行 1 次加强免疫。最近 1 个月内已免疫的猪可以不进行加强免疫。

免疫 21 天后,进行免疫效果监测:猪瘟抗体正向间接血凝试验抗体效价≥1∶32 判定为合格。存栏猪抗体合格率≥70％判定为合格。

(2)截断传染源 严密隔离或扑杀病猪,有条件的,可将疫点封锁一段时期,除不让病猪与健康猪接触外,还要防止人和其他动物及用具的间接接触。

(3)定期消毒 冬、春季是猪瘟的高发期,因此必须严格消毒,以达到彻底杀灭猪瘟病毒的目的。一般每隔 10～15 天用 1％烧碱水或其他消毒药清圈后彻底喷洒消毒。

本病无特效方法治疗,发病后可用猪瘟疫苗紧急接种。

二、猪繁殖与呼吸综合征

猪繁殖与呼吸综合征是近年来国内外引人注目的一种新的传染病,主要感染猪,尤其是母猪,该病以母猪繁殖障碍、仔猪的呼吸道症状和高死亡率为特征,特别是感染本病后容易导致免疫抑制而继发其他疾病。在发病过程中会出现短暂性的两耳皮肤发绀,故又称为蓝耳病。

我国 2007 年曾出现由猪繁殖与呼吸综合征(俗称蓝耳病)病毒变异株引起的高致病性蓝耳病。仔猪发病率可达 100％、死亡率可达 50％以上,母猪流产率可达 30％以上,育肥猪也可发病死亡是其特征。

1. 诊断精要

【病理诊断】　病死猪主要眼观病变是弥漫性间质性肺炎,并伴有细胞浸润和卡他性肺炎区,肺水肿,在腹膜以及肾周围脂肪、肠系膜淋巴结、皮下脂肪和肌肉等处发生水肿。

有关专家提供了一个判断猪繁殖与呼吸综合征的基本原则,可供临床参考使用,如果猪场在14天内出现下述临床指标中的2个,就可判定为猪繁殖与呼吸综合征疑似病例:①母猪流产或早产超过8%;②死胎占产仔数20%;③仔猪出生后1周内死亡率超过25%。

高致病性蓝耳病病死猪可见脾脏边缘或表面出现梗死灶,显微镜下见出血性梗死;肾脏呈土黄色,表面可见针尖至小米粒大出血点斑,皮下、扁桃体、心脏、膀胱、肝脏和肠道均可见出血点和出血斑。显微镜下可见肾间质性炎,心脏、肝脏和膀胱出血性、渗出性炎等病变;部分病例可见胃肠道出血、溃疡、坏死。

【临床诊断】　仅猪易感并出现症状,不分年龄、品种,均可感染。按症状可分为急性型、慢性型、亚临床型。

(1)母猪　主要表现为流产、死胎、早产、木乃伊胎等繁殖障碍,产弱仔,间情期延长或不孕,产后无乳,胎衣不下等。体温40~40.5℃(约占30%),昏睡,精神、食欲不振(约占50%),发绀(在耳朵、阴门、尾巴、腹部、鼻孔等处,约占30%)。不同程度呼吸困难,很少咳嗽,还表现结膜炎、鼻炎。

(2)仔猪　新生仔猪呼吸困难,腹式呼吸(在哺乳与断奶猪亦可见),体温升高,40~41℃,部分猪耳部等处发绀,皮毛粗糙,扎堆,眼眶水肿,结膜炎,也可见顽固性腹泻,新生弱仔死亡率特别高。断奶后仔猪死亡率可达20%~50%,以保育阶段猪最易感染和最为严重,特别是易于继发多种疾病,整个育成期发育不良,易于死亡。

(3)育肥猪　临床症状不明显,有时厌食和轻度呼吸困难,部分猪出现发绀,易继发感染,生长缓慢。

(4)公猪　厌食,精液质量下降,精子运动力下降,畸形精子比例上升。

高致病性蓝耳病病猪体温明显升高,可达41℃以上;出现眼结膜炎、眼睑水肿及咳嗽、气喘等呼吸道症状;部分猪出现后躯无力、不能站立或共济失调等神经症状。仔猪发病率可达100%、死亡率可达50%以上,母猪流产率可达30%以上,成年猪也可发病死亡。

【实验室诊断】　可采猪血清和肺组织进行病毒分离或用酶联免疫吸附试验（ELISA）检查猪繁殖与呼吸综合征抗体。

【鉴别诊断】　猪细小病毒病、猪伪狂犬病、猪日本乙型脑炎、猪布鲁氏菌病、猪衣原体病等也可引起流产和产死胎，应注意鉴别诊断。

（1）猪细小病毒病　其特征为受感染的母猪，特别是初产母猪产死胎、畸形胎和木乃伊胎，而母猪本身无明显症状。

（2）猪伪狂犬病　除引起妊娠母猪本身流产和产死胎外，仔猪也发病，呈现体温升高、呼吸困难、腹泻及特征性的神经症状。

（3）猪日本乙型脑炎　仅发生于蚊虫活动季节，除妊娠母猪发生流产和产死胎外，公猪可发生睾丸肿胀，其他小猪有的呈现体温升高、精神沉郁、四肢轻度麻痹等神经症状。

（4）猪布鲁氏菌病　一般发生于布鲁氏菌病流行地区，除妊娠母猪发生流产和产死胎外，公猪可发生睾丸炎。

（5）猪衣原体病　常引起妊娠母猪流产及早产，小猪发生慢性肺炎、角膜结膜炎及多发性关节炎，公猪发生睾丸炎及附睾炎。

2. 防治精要

规模养殖场按下述推荐免疫程序进行免疫预防，散养猪在春、秋两季各实施1次集中免疫，对新补栏的猪要及时免疫。

（1）规模养猪场免疫

商品猪：使用活疫苗于断奶前后初免，4个月后免疫1次；或者使用灭活苗于断奶后初免，可根据实际情况在初免后1个月加强免疫1次。

种母猪：使用活疫苗或灭活疫苗进行免疫。150日龄前免疫程序同商品猪；以后每次配种前加强免疫1次。

种公猪：使用灭活疫苗进行免疫。70日龄前免疫程序同商品猪，以后每隔4～6个月加强免疫1次。

（2）散养猪免疫　春、秋两季对所有猪进行1次集中免疫，每月定期补免。有条件的地方可参照规模养猪场的免疫程序进行免疫。

发生疫情时，对疫区、受威胁区域的所有健康猪使用活疫苗进行1次加强免疫。

最近1个月内已免疫的猪可以不进行加强免疫。

活疫苗免疫28天后,进行免疫效果监测。高致病性猪蓝耳病ELISA抗体检测阳性判为合格。存栏猪免疫抗体合格率≥70%判定为合格。

本病目前没有特效药,但是采取积极的防疫措施,可以防止本病的发生和蔓延。

三、猪圆环病毒感染

猪圆环病毒感染是由猪圆环病毒引起的猪的一种新的传染病。其临床表现多种多样,主要特征为体质下降、消瘦、贫血、黄疸、生长发育不良、腹泻、呼吸困难、母猪繁殖障碍、内脏器官及皮肤的广泛病理变化,特别是肾、脾脏及全身淋巴结高度肿大、出血和坏死。本病还可导致猪群产生严重的免疫抑制,从而容易继发或并发其他传染病。

1. 诊断精要

【病理诊断】 猪圆环病毒(PCV)是迄今发现的最小的动物病毒。现已知该病毒有两个血清型,即PCV1和PCV2。PCV1为非致病性的病毒,PCV2为致病性的病毒。PCV2是断奶仔猪多系统衰竭综合征、皮炎与肾病综合征(PNDS)的主要病原。

(1)断奶仔猪多系统衰竭综合征 最显著的病变是全身淋巴结,特别是腹股沟淋巴结,肠系膜淋巴结,气管、支气管淋巴结及下颌淋巴结肿大2~5倍,有时可达10倍。切面硬度增大,呈均匀的苍白色,集合淋巴小结也肿大。发生细菌感染,则淋巴结可见炎症和化脓病变,使病变复杂化。肺肿胀,有散在、大而隆起的橡皮状硬块,有黄褐色斑散布于肺表面。脾肿大,肾苍白有散在白色病灶,肾盂周围组织水肿。胃在靠近食管区常有大片溃疡形成。盲肠和结肠黏膜充血或淤血。

(2)皮炎与肾病综合征 病死猪肾肿大、苍白,表面有出血点。脾轻度肿大,有出血点。肝呈橘黄色外观。心包、胸腔、腹腔积液,心肌发育不良。组织学检查可见扁桃体生发中心有包涵体,胆汁浓稠,淋巴结肿大,切面苍白,胃有溃疡,胃黏膜污浊。

【临床诊断】

(1)断奶仔猪多系统衰竭综合征 临床表现以多系统进行性功能衰竭为特征。表现精神不振,食欲不佳,有的发热,被毛粗乱,生长发育不良,进行性消瘦;有的贫血,皮肤苍白,肌肉衰弱无力,还表现出咳嗽、喷嚏、呼吸困难等呼吸系统症状。体表淋巴结,特别是腹股沟淋巴结肿大,部分病例可见皮肤、可视黏膜黄疸,腹泻及嗜睡。

(2)皮炎与肾病综合征 病猪发热、不食、消瘦、苍白、跛行、结膜炎、腹泻等。特征性症状是在会阴部、四肢、耳朵等处的皮肤上出现圆形或不规则的红紫色病变斑点或斑块。

【实验室诊断】 可以通过电镜检查和间接免疫荧光试验确诊。

【鉴别诊断】 本病临床上要注意与猪繁殖与呼吸综合征和猪瘟区别。

(1)猪繁殖与呼吸综合征

相同:精神沉郁,食欲不振,不同程度的呼吸困难。母猪发生流产、死胎、木乃伊胎、弱仔等。腹泻,被毛粗乱,渐进性消瘦,猪群免疫功能下降,生长缓慢。

不同:在耳部背面及边缘、腹部及尾部皮肤发绀;皮肤上不发生中央为黑色、周围呈现紫红色的圆形或不规则形状的隆起。剖检可见:肺脏呈间质性肺炎,在肾脏皮质和髓质没有散在大小不一的白色坏死灶,肾包膜内也没有积液,脾肿大不明显。

(2)猪 瘟

相同:发热,呕吐,呼吸困难、咳嗽,腹泻,母猪出现死胎、弱仔等。

不同:猪瘟结膜发炎,两眼有脓性分泌物,全身皮肤黏膜广泛性充血、出血、肢体末端发绀、坏死,可发生短暂便秘,产出的仔猪不发生震颤,皮肤也不出现紫红色的隆起病灶。剖检可见:全身呈败血症变化,淋巴结出血,切面呈红白相间的大理石样,脾不肿大,但边缘有暗紫色稍突出表面的出血性梗死灶,结肠黏膜出现纽扣状肿,扁桃体出现坏死,口腔、齿龈有出血点和溃疡灶,喉头和膀胱黏膜均有出血斑点。

2. 防治精要

本病可用猪圆环病毒疫苗预防,免疫程序应根据猪场 PCV2 感染、发病情况而定。商品猪免疫 2 次,新生仔猪 3～4 周龄首免,第一次免疫后间隔 3 周加强免疫 1 次,免疫保护期一般为 3～4 个月;后备母猪配种前做基础免疫 2 次,间隔 3 周,产前 1 个月再免疫 1 次;经产母猪跟胎免疫 1 次。

本病目前没有特效药,但是采取积极的防疫措施,可以防止本病的发生和蔓延。

四、猪伪狂犬病

本病是由伪狂犬病毒引起的急性传染病。其特征是除猪外,牛、羊、兔等动物表现剧烈瘙痒,呈现神经症状而死亡,成年猪呈隐性感染,仔猪症状重剧,死亡率高。

1. 诊断精要

【病理诊断】 病死猪皮下可见广泛的出血性水肿,肺淤血、水肿,肾脏和脾脏有小点出血、坏死灶,肝脏、小肠有坏死灶,脑膜充血,脑脊髓液增量。

【临床诊断】 猪因年龄不同,发病后病状和死亡率有很大的不同,但一般不出现奇痒。

(1)新生仔猪 2周龄内仔猪表现为最急性型,死亡率达100%,发热(41～42℃),呼吸困难,不食,大量流涎,间有呕吐、腹泻,精神高度沉郁,昏睡,病程不过3天。部分猪有神经症状,倒地抽搐。断奶至4月龄猪似感冒,神经症状较少出现,极少数猪表现发热、咳嗽、便秘、呕吐、肌肉震颤、共济失调等。

(2)成年猪 一般为隐性感染,有些表现呼吸系统的症状。

(3)妊娠母猪 可引起流产(头月)和死胎、木乃伊胎(中后期,流产死胎发生率高达50%),产下弱仔表现吐泻、痉挛、角弓反张,很快死亡(24～36小时)。

【实验室诊断】 可以通过实验动物接种试验和荧光抗体检查确诊。以实验动物接种试验更适合基层使用:将病死动物的脑组织制成乳剂,1～2毫升皮下接种家兔,2～5天后接种部位出现剧痒,最后家兔麻痹而死,也可接种小白鼠或猫。

【鉴别诊断】 妊娠母猪发生流产、死胎,应注意与猪瘟、猪细小病毒病、猪繁殖与呼吸综合征、流行性乙型脑炎等相鉴别。

(1)猪瘟 妊娠母猪感染后出现木乃伊胎、死胎或产弱仔现象。弱仔出生后不久即死亡。死产胎儿呈现皮下水肿、腹水、头部和四肢畸形、皮肤和四肢点状出血、肺和小脑发育不全以及肝脏有坏死灶等病变。部分新生仔猪表现呼吸促迫、震颤。采集病猪的扁桃体或死猪的脾脏和淋巴结,送实验室做冰冻切片或组织切片,丙酮固定后用猪瘟荧光抗体染色检查,2～3小时即可确诊,检出率达90%以上。

(2)猪细小病毒病 本病无季节性,其特征为感染母猪流产几乎只发生于初产母猪,产出死胎、畸形胎、木乃伊胎及病弱仔猪。母猪除流产外无任何症状。其他猪即使感染猪细小病毒,也无任何症状。

(3)猪繁殖与呼吸综合征 本病感染猪群早期有类似流感的症状。除母猪发生流产、早产和死胎外,患病哺乳仔猪高度呼吸困难,1周内的新生仔猪病死率很高,主要病变为细胞性间质性肺炎。公猪和育肥猪都有发热、厌食及呼吸困难症状。

（4）流行性乙型脑炎　本病仅发生于蚊蝇活动季节，除妊娠母猪发生流产和产死胎外，公猪可发生睾丸肿胀，一般为单侧。小猪呈现体温升高、精神沉郁、腿轻度麻痹等神经症状。

2. 防治精要

做好综合预防措施，关键是灭鼠和消毒，严格控制引种和人员来往，做好伪狂犬疫苗接种。

（1）母猪　阳性猪群，4 次/年，每次肌内注射 1 头份（2 毫升）；阴性猪群，2～3 次/年，每次肌内注射 1 头份（2 毫升）。

（2）后备母猪　配种前 5 周免疫 1 次；2～3 周再加免 1 次。每次肌内注射 1 头份（2 毫升）。

（3）公猪　2 次/年，每次肌内注射 1 头份（2 毫升）。

（4）商品猪　1～7 日龄，滴鼻 1 头份（2 毫升，每个鼻孔各 1 毫升）；56～70 日龄，每次肌内注射 1 头份。

在病猪出现神经症状之前，注射高免血清或病愈猪血清，可降低死亡率。用基因缺失弱毒苗给仔猪滴鼻，可迅速控制疫情。

五、流行性乙型脑炎

流行性乙型脑炎又称日本乙型脑炎，是由流行性乙型脑炎病毒引起的一种人兽共患的蚊媒急性病毒性传染病。在人和马呈现脑炎症状，在猪表现母猪流产、死胎和公猪睾丸炎、附睾炎，其他家畜和家禽大多呈隐性感染。

1. 诊断精要

【病理诊断】　病死猪病变主要见于大脑及脊髓，脑部以间脑、中脑等处病变为主，脑脊髓液增多，黄色透明，有时混浊，硬脑膜和软脑膜轻度充血，有的可见大小不等的出血点和出血斑。脊髓膜混浊、水肿。有的可见肝脏、肾脏肿胀变硬。心内外膜有点状出血。

流产母猪子宫内膜充血、水肿，黏膜有少量小点状的出血，并附有黏稠的分泌物，死胎有皮下水肿和胶样浸润，脑内积液。胎儿大小不等，有的呈木乃伊化。全身肌肉褪色，似煮肉样。

公猪睾丸肿胀，实质充血、出血，切面可见有颗粒状的小坏死灶，最明显的变化是楔状或斑点状出血和坏死，鞘膜和白膜间有积液。阴囊与睾丸粘连。

【临床诊断】　猪一般呈散发型，隐性病例居多，潜伏期一般为3～4天。常突然发病，体温升高达40～41℃，呈稽留热，精神沉郁、嗜睡。食欲减退，饮欲增加。粪便干硬，附有灰白色黏液，呈球状，尿液呈深黄色。有的病猪后肢、肢关节肿胀、跛行，触痛感明显。有的病猪表现明显神经症状，乱冲乱撞，摆头，后肢麻痹，步行踉跄，最后倒地不起而死亡。

妊娠母猪常不表现明显的症状，突然发生流产，多在妊娠后期发生，可见到同窝有部分仔猪及部分大小差异不大的流产死胎，有的超过预产期也不分娩，胎儿长期滞留，特别是初产母猪常见到此现象。流产后症状减轻，体温、食欲恢复正常。少数母猪流产后从阴道流出红褐色乃至灰褐色黏液，胎衣不下。母猪流产后对继续繁殖无影响。

流产胎儿多为死胎或木乃伊胎，或为弱仔。有的出生后出现神经症状，全身痉挛，倒地不起，1～3天死亡。

公猪除有上述一般症状外，还常发生一侧或两侧睾丸炎。局部发热，有痛感，睾丸明显肿大，较正常睾丸大0.5～1倍，患病侧阴囊发热，有痛感，触压发硬，2～3天后肿胀消退，逐渐萎缩变硬；如两侧睾丸皆萎缩，则丧失配种能力。

【实验室诊断】　取濒死期脑组织或发热期血液进行鸡胚卵黄囊接种或1～5日龄乳鼠脑内接种。

【鉴别诊断】　猪细小病毒病、猪伪狂犬病等也可引起流产和产死胎，应注意与本病的鉴别诊断。

(1)猪细小病毒病　其特征为受感染的母猪，特别是初产母猪，产死胎、畸形胎和木乃伊胎，而母猪本身无明显症状。

(2)猪伪狂犬病　除引起妊娠母猪本身流产和产死胎外，仔猪也发病，呈现体温升高、呼吸困难、腹泻及特征性的神经症状。

2. 防治精要

预防要点如下：

（1）预防接种　蚊虫季节到来前1个月使用猪乙型脑炎活疫苗免疫，免疫后1个月产生坚强的免疫力。

（2）消灭传播媒介　以防蚊和灭蚊为主，尤其要铲除滋生地，消灭越冬蚊。

（3）加强管理　特别是加强对幼龄猪的管理，减少感染病毒的机会。

对病猪除加强护理外，主要采取降低颅内压，调整大脑功能，强心、利尿，防止并发症等综合性治疗措施。

六、猪口蹄疫

口蹄疫是由口蹄疫病毒引起的一种急性、热性、高度接触性传染病。主要感染偶蹄动物，偶见人和其他动物。临床上猪等偶蹄动物的主要特征是口腔黏膜、蹄部及乳房等部位皮肤发生水疱和溃烂。病理变化主要以虎斑心为特征。由于本病传播迅速，能形成大规模流行，引起幼畜死亡，成年家畜的生产性能降低，严重危害畜牧业的发展，因此被国际兽疫组织列为"A类传染病"的首位。

1. 诊断精要

【病理诊断】　病猪除口腔和蹄部的水疱和烂斑外，在咽喉、气管、支气管和前胃黏膜有时可见到圆形烂斑和溃疡，真胃和肠黏膜可见出血性炎症，心包膜有弥散性及点状出血，心肌松软，心肌切面有灰白色或灰黄色条纹和斑点，似老虎皮上的斑纹，故称"虎斑心"。

【临床诊断】　猪的潜伏期1～2天，主要以蹄部水疱为特征，体温升高，可达40～41℃，精神沉郁，食欲减少或废绝。蹄冠、蹄叉、蹄踵等部出现局部皮肤发红、微热、敏感等症状，不久逐渐形成米粒至蚕豆大的水疱，水疱破裂后表面出血，形成糜烂，1周左右康复。如有继发感染，严重者蹄叶、蹄壳脱落。患肢不能着地，常跛行或卧地不起，此外在口腔黏膜、鼻镜、乳房也常见到烂斑。哺乳仔猪多呈急性胃肠炎和心肌炎突然死亡，死亡率达60%～80%。

【实验室诊断】　可以通过补体结合试验、琼脂扩散试验、酶联免疫吸附试验等方法进行诊断及病毒的定型,由于酶联免疫吸附试验反应灵敏,特异性强,操作快捷,目前是进出口动物检测的主要方法。基层可用反向间接血凝试验检测。

【鉴别诊断】 本病应注意与猪传染性水疱病、猪水疱性疹和水疱性口炎加以鉴别(表4-2)。

表4-2 猪口蹄疫、猪传染性水疱病、猪水疱性疹和水疱性口炎鉴别诊断

疾 病			猪口蹄疫	猪传染性水疱病	猪水疱性口炎	猪水疱性疹
病原	种 类		口蹄疫病毒	猪水疱病病毒	猪水疱性口炎病毒	猪水疱疹病毒
	酸稳定性	pH值5	不稳定	稳定	稳定	稳定
		pH值3	不稳定	稳定	不稳定	不稳定
流行病学	易感动物		牛、羊、猪等偶蹄动物,人	猪,人	牛、猪、马属动物,人	猪
	流行形式		流行性或大流行	流行性,主要发生于集中饲养的养猪场	散发	地方流行性或散发
	发病率		较高	较高	30%～95%	10%～100%
	病死率		成年猪3%～5%仔猪60%～80%	无	无	无
症状	口腔水疱		少	少	少	100%
	蹄部水疱		100%	100%	100%	无或很少
动物接种试验	猪(舌、皮内)		+	+	+	+
	黄牛(舌、皮内)		—	—	+	—
	羊(舌、皮内)		±	—	+	—
	马(舌、皮内)		—	—	+	±
	1～2日龄乳鼠		死亡	死亡	死亡	不死亡
	7～9日龄乳鼠		死亡	不死亡	死亡	不死亡
	豚鼠		不规则	不死亡	死亡	不死亡
	成年鸡(舌内)		+	—	+	—

注:"+"表示阳性,"±"表示不规则或轻度反应,"—"表示阴性

2. 防治精要

平时加强检疫工作,禁止从疫区或解除封锁不久的地区购入动物、动物产品或饲料等,常发地区应定期使用相应病毒型的口蹄疫疫苗进行预防接种。规模养殖场按下述推荐免疫程序进行免疫,散养猪在春、秋两季各实施1次集中免疫,对新补栏的家畜要及时免疫。

(1)规模养殖场和种猪免疫 仔猪在28～35日龄时进行初免,间隔1个月后进行1次加强免疫,以后每隔4～6个月免疫1次。

(2)散养猪免疫 春、秋两季对所有易感猪进行1次集中免疫,每月定期补免。有条件的地方可参照规模养殖场和种猪的免疫程序进行免疫。

(3)紧急免疫 发生疫情时,对疫区、受威胁区域的全部易感家畜进行1次加强免疫。边境地区受到境外疫情威胁时,要对距边境线30千米以内的所有易感家畜进行1次加强免疫。最近1个月内已免疫的家畜可以不进行加强免疫。

(4)使用疫苗种类 猪可用口蹄疫O型灭活类疫苗、口蹄疫O型合成肽疫苗(双抗原)。空衣壳复合型疫苗在批准范围内使用。

(5)免疫效果监测 猪免疫28天后,进行免疫效果监测。

O型口蹄疫:灭活类疫苗采用正向间接血凝试验。正向间接血凝试验的抗体效价≥1:32判定为合格。存栏家畜免疫抗体合格率≥70%判定为合格。

在发生口蹄疫时,应迅速上报疫情,及时诊断病毒型,划定并封锁疫点、疫区,对疫点、疫区内患病动物及同群动物进行扑杀,尸体进行焚烧或化制处理,对污染的环境和用具进行彻底消毒;对疫区内的假定健康动物及受威胁区的易感动物进行同型疫苗的紧急免疫接种,以及时消灭传染源。

七、副猪嗜血杆菌病

副猪嗜血杆菌病是由副猪嗜血杆菌引起的猪的多发性浆膜炎和关节炎。主要临床症状为发热、咳嗽、呼吸困难、腹泻、消瘦、跛行、共济失调和被毛粗乱等。剖检病理变化表现为胸膜炎、肺炎、心包炎、腹膜炎、关节炎和脑膜炎等。此外,副猪嗜血杆菌还可引起败血症,并且可能留下后遗症,即母猪流产、公猪慢性跛行。

1. 诊断精要

【病理诊断】 病死猪体表发紫,腹部膨胀,有大量黄色腹水。剖检病死猪胸膜炎明显(包括心包炎和肺炎),胸前淋巴结肿大、灰白色,关节炎、腹膜炎和脑膜炎。以浆液性、纤维素性渗出为特征(严重的呈豆腐渣样)。胸肋膜有纤维素假膜。肺可有间质水肿、粘连、出血及纤维素性渗出物,心包积液、粗糙、增厚,腹腔积液,肝、脾肿大、与腹腔粘连,关节病变亦相似。最明显的是心包积液,心包膜增厚,心肌表面有大量纤维素性渗出,喉管内有大量黏液,后肢关节切开有胶冻样物。

【临床诊断】 急性病例,往往首先发生于膘情良好的猪,表现发热(40.5～42℃),精神沉郁,食欲下降,呼吸困难,腹式呼吸,皮肤发红或苍白,耳梢发紫,眼睑水肿,行走缓慢或不愿站立,腕关节、跗关节肿大,共济失调,临死前侧卧或四肢呈划水样;有时会无明显症状突然死亡。慢性病例,多见于保育猪,主要是食欲下降、咳嗽,呼吸困难,被毛粗乱,四肢无力或跛行,生长不良,腹泻,直至衰竭而死亡。母猪发病可流产,哺乳母猪的跛行可能导致母性的极端弱化。公猪跛行。

【实验室诊断】 包括微生物学诊断、间接血凝试验等。

(1)微生物学诊断 通过对细菌进行培养后分离鉴定,是目前最准确有效的方法。但此方法耗时较长。现在常用马、绵羊或者牛的鲜血做成巧克力培养基,但菌落仍然生长很差,形成约0.5毫米大的灰白色透明的菌落,本病菌属革兰氏阴性短小杆菌。

(2)间接血凝试验 操作简单,可凭肉眼进行判断。

【鉴别诊断】 猪传染性胸膜肺炎与副猪嗜血杆菌病症状和剖检变化非常相似,应注意鉴别诊断。

副猪嗜血杆菌病主要在断奶后和保育期间发病,发病表现为纤维性多发性浆膜炎、关节炎、胸膜炎和脑膜炎。而猪传染性胸膜肺炎主要在6～8周龄发病,主要病变为纤维蛋白性胸膜炎和心包炎,发病局限于胸腔。

2. 防治精要

(1)严格消毒 彻底清理猪舍卫生,用2%氢氧化钠水溶液喷洒猪圈地面和墙壁,2小时后用清水冲净,再用复合碘喷雾消毒,连续喷雾消毒4～5天。

(2)加强饲养管理 对全群猪用电解质和维生素C粉饮水5～7天,以增强机体抵抗力,减少应激反应。

(3)疫苗免疫 用副猪嗜血杆菌多价灭活苗或自家苗可取得一定效果。种猪用副猪嗜血杆菌多价灭活苗免疫能有效保护仔猪早期发病,降低复发的可能性。

母猪:初免猪产前 40 天一免,产前 20 天二免。经免猪产前 30 天免疫 1 次即可。受本病严重威胁的猪场,仔猪也要进行免疫,根据猪场发病日龄推断免疫时间,仔猪免疫一般安排在 7～30 日龄进行,每次 1 毫升,最好一免后过 15 天再重复免疫 1 次,二免距发病时间要有 10 天以上的间隔。

(4)药物防治 定期用敏感的抗菌药物如氟喹诺酮类进行预防。

隔离病猪,用敏感的抗菌药物进行治疗,口服抗菌药物进行全群性药物预防。大多数副猪嗜血杆菌对氨苄西林、头孢菌素、四环素、氟喹诺酮类和增效磺胺类药物敏感,但大多菌株对红霉素、氨基糖苷类、大观霉素和林可霉素有抵抗力。

为控制本病的发生发展和防止耐药菌株出现,应进行药敏试验,科学使用抗菌药物。硫酸卡那霉素或头孢类药物,肌内注射,连用 5～7 天。大群猪口服增效磺胺或氟喹诺酮类药物,连用 5～7 天。

八、猪链球菌病

猪链球菌病是由多种不同群的链球菌引起的不同临床类型传染病的总称。可侵害各种年龄猪,急性的表现为败血症和脑炎,慢性的表现为关节炎和心内膜炎。

1. 诊断精要

【病理诊断】 死于败血症的猪表现为天然孔流出暗红色血液,凝固不良,颈下、腹下及四肢末端等处皮肤有紫红色出血斑点。皮下、黏膜、浆膜出血,鼻镜、喉头及气管黏膜充血,内有大量气泡。肺脏充血、肿胀,脾脏明显肿大、出血,色暗红或蓝紫。肾脏肿大、出血,皮质、髓质界限不清。胃肠黏膜、浆膜散在点状出血。全身淋巴结肿胀、出血。脑膜炎型主要表现为脑膜和脊髓软膜充血、出血。个别病例脑膜下水肿,脑切面可见白质与灰质有小点状出血。败血型主要表现为心内膜形成赘生物,心主动脉浆膜弥散性出血。慢性病例可见关节腔内多有浆液纤维素性炎症。关节囊膜面充血、粗糙、滑液混浊,并含有黄白色奶酪样块状物。有时关节周围皮下有胶样水肿,严重病例周围肌肉组织化脓、坏死。

【临床诊断】 根据临床表现,可分为以下几种类型。

(1)急性败血性型 多见于成年猪,病原为 C 群马链球菌兽疫亚种及类马链球菌,D 群(即 R、S 群)及 I 群链球菌也能引发本病。

潜伏期一般为 1～3 天,长的可在 6 天以上。最急性者不见任何异常表现的情况下突然死亡。或突然减食或停食,精神委顿,体温升高达 41～42℃,卧地不起,呼吸促迫,多在 6.5～24 小时迅速死于败血症。急性者体温先升高达 40～41.5℃,继而升高到 42～43℃,呈稽留热,全身症状明显,喜饮水。眼结膜潮红,有出血斑,流泪。呼吸促迫,间有咳嗽。鼻镜干燥,流出浆液性、脓性鼻汁。颈部、耳郭、腹下及四肢下端皮肤呈紫红色,并有出血点。多在 1～3 天死亡,死前从天然孔流出暗红色血液。

(2)慢性型 多由急性型转化而来。主要表现为多发性关节炎,一肢或多肢关节发炎。关节周围肌肉肿胀,高度跛行,有痛感,站立困难。严重病例后肢瘫痪,最后因体质衰竭、麻痹死亡。

(3)脑膜炎型 多见于哺乳仔猪和断奶仔猪。病初发热(40～42.5℃),停食,便秘,有浆液性或黏液性鼻漏。表现神经症状,如共济失调、转圈、空嚼、盲目走动,继而后肢麻痹,前肢爬行,四肢做游泳状运动或昏迷不醒。急性型多在 30～36 小时死亡;亚急性或慢性病程稍长,主要表现为多发性关节炎,关节肿大,逐渐消瘦、衰竭死亡或康复。

(4)淋巴结脓肿型 多由 E 群链球菌引起,以颌下、咽部、颈部等处淋巴结化脓和形成脓肿为特征。病程 2～3 周,一般不引起死亡。

【实验室诊断】

(1)细菌学检查 采取发病或病死动物的肝、脾、肾组织、血液、脓汁、关节液、乳汁等病料制成涂片或触片,美蓝染色或革兰氏染色后镜检,可见革兰氏阳性的单个或成双或呈长链的球菌;或将上述病料,接种于含血液琼脂培养基,该菌呈现 β 型或 α 型溶血环(猪、羊、兔链球菌为 β 型,牛为 α 型)。

(2)生化试验 结合各类糖发酵试验和生化反应特性,与伯杰氏手册对照。

(3)动物试验 将病料 5～10 倍稀释或取接种于马丁肉汤培养基 24 小时后的培养物,于家兔皮下或腹腔注射 1～2 毫升,12～24 小时死亡后,从死亡兔的心血和脏器再进行细菌分离培养和鉴定。

【鉴别诊断】　猪链球菌病和猪瘟、弓形虫病均有高热稽留、皮肤有紫红斑和出血点、大便干燥等症状，容易混淆，临床上应注意鉴别。

（1）猪瘟　结膜发炎，两眼有脓性分泌物，全身皮肤黏膜广泛性充血、出血，肢体末端发绀、坏死，可发生短暂便秘，产出的仔猪不发生震颤，皮肤也不出现紫红色的隆起病灶。剖检可见全身呈败血症变化，淋巴结出血，切面呈红白相间的大理石样；脾不肿大，但边缘有暗紫色稍突出表面的出血性梗死灶；结肠黏膜出现纽扣状肿；扁桃体出现坏死；口腔、齿龈有出血点和溃疡灶；喉头和膀胱黏膜均有出血斑点。

（2）弓形虫病　呼吸极度困难，腹股沟淋巴结明显肿大，白细胞总数增加，初期用磺胺类药物治疗有效。剖检可见肺水肿，肝、淋巴结肿大，脾肿大或萎缩，肺、肝、脾均有出血点、坏死灶，肺实质有充血、水肿、变性、坏死。取肺、支气管淋巴结涂片，姬姆萨染色，镜检，可检出弓形虫。

2. 防治精要

（1）预防要点　可用猪链球菌 2 型-C 群 2 价灭活疫苗，妊娠母猪可于产前 4 周进行接种，仔猪分别于 30 日龄和 45 日龄各接种 1 次，后备母猪于配种前接种 1 次，有很好的预防效果；预防 C 群兽疫链球菌引起的猪链球菌病可用 ST171 株弱毒苗，皮下注射或口服，免疫后 7 天产生保护力，保护期半年。

平时应建立和健全消毒隔离制度。保持圈舍清洁、干燥及通风，经常清除粪便，保持地面清洁。引进动物时须经检疫和隔离观察，确认健康时方能混群饲养。加强管理，增强动物自身抗病力，也是预防本病的主要措施。

（2）治疗要点

①败血型及脑膜炎型。当分离出致病链球菌后，应立即进行药敏试验。根据试验结果，选出敏感药物进行全身治疗。应在发病早期大剂量使用抗菌药，且连续用药巩固疗效。常用青霉素、头孢类、土霉素、四环素、磺胺类药物。

②淋巴结脓肿型。待脓肿成熟后，及时进行外科处理。可先将脓肿切开，清除脓汁，清洗和消毒。然后用抗生素或磺胺类药物以悬液、软膏或粉剂置入患处。必要时可施以包扎。

九、附红细胞体病

附红细胞体病是由附红细胞体引起的一种热性、溶血性人兽共患传染病,以发热、贫血和黄疸为特征。

1. 诊断精要

【病理诊断】 病死猪全身性黄疸、贫血,肝黄红色,肝肿大呈土黄色或棕黄色,质脆,并有出血点或坏死点,有的表面凹凸不平,有黄色条纹坏死区,脾显著肿大。肺和肾有小出血点。有时有腹水、心包积水。

【临床诊断】 病初体温升高至 40～40.7℃,精神沉郁,食欲消失,贫血和呼吸困难。后期乏力,严重黄疸。可能出现末端发绀,如耳朵发紫等。繁殖母猪表现流产、不发情或配种后返情率很高、皮肤黄染或苍白、毛孔出血、分娩延迟。母猪产后发热、乳房炎和缺乳症。仔猪贫血,无活动能力。生长猪出现腹泻,生长缓慢,皮肤黄染或苍白,贫血,尿液呈黄褐色,常与其他呼吸道疾病并发引起死亡。

【实验室诊断】

(1)病原检查 对病猪采血(不用酒精棉球擦拭,以防红细胞变形)滴于载玻片上,抹片后用瑞氏染色、高倍镜检,可看到红细胞呈星芒状或锯齿状,表面有蓝黑色颗粒1～3个,多者可有3～5个或10个,即可确诊。

(2)补体结合试验 本法首先被用于诊断猪的附红细胞体病。病猪于出现症状后1～7天呈阳性反应,于2～3周后即行阴转。本试验诊断急性病猪效果好,但不能检出耐过猪。

(3)间接血凝试验 用此法诊断猪的附红体病的报道较多。滴度大于1∶40为阳性,此法灵敏性较高,能检出补反阴转后的耐过猪。

(4)荧光抗体试验 本法被最早用于诊断牛的附红细胞体病,抗体于接种后第四天出现,随着寄生率上升,在第二十八天达到高峰。也曾被用于诊断猪、羊的附红细胞体病,取得了较好的效果。

【鉴别诊断】 弓形虫病与附红细胞体病均可见高热稽留、皮肤紫红斑或出血点、大便干燥等症状,但弓形体病猪呼吸极度困难,腹股沟淋巴结明显肿大,白细胞总数增加,初期使用磺胺类药物治疗有效。剖检可见肺水肿,肝、淋巴结肿大,脾肿或萎缩,肺、肝、脾均有出血点、坏死灶,肺实质有充血、水肿、变性、坏死。取肺、支气管淋巴结涂片染色镜检,可检出弓形虫。

2. 防治精要

预防该病的重点工作是灭蚊、驱蚊和驱除体内外寄生虫。阉割、断尾时应注意器械的消毒工作。注射时应注意一猪一针头,减少人为传播的机会。提高饲养管理水平,做好通风降温。针对夏季高温多湿的特点,宜多饲喂一些青绿多汁的富含维生素类的饲料,同时注意降低饲养密度,加强通风降温工作。可利用药物预防,定期用阿散酸、土霉素或四环素拌料预防。

对病猪用三氮脒、黄色素及四环素类抗生素对本病的治疗效果较好,青霉素、链霉素、庆大霉素等药物无效。病情严重时,还应同时结合对症治疗,采取补液、消炎、退烧、强心、止血、保肝等辅助治疗措施。针对贫血症状,可肌内注射维生素B_{12}或内服硫酸亚铁,以促进机体造血功能的恢复;用维生素C、维生素K_3、止血敏等止血;用大黄等健胃,促进患畜的早日康复。

十、猪弓形虫病

猪弓形虫病,又称为弓浆虫病或弓形体病,是由弓形虫引起的人兽共患原虫病。本病以高热、呼吸及神经系统症状、动物死亡和妊娠动物流产、死胎、胎儿畸形为主要特征。该病呈世界性分布,在家畜和野生动物中广泛存在。

1. 诊断精要

【病理诊断】 病死猪内脏最具特征的病变在肺脏、淋巴结和肝脏,其次是脾脏、肾脏、肠。肺脏呈大叶性肺炎,暗红色,间质增宽,含多量浆液,切面流出多量带泡沫的浆液。全身淋巴结有大小不等的出血点和灰白色的坏死点,尤以肠系膜淋巴结最为显著。肝肿胀并有散在针尖至黄豆大的灰白色或灰黄色的坏死灶。脾脏在病的早期显著肿胀,有少量出血点,后期萎缩。肾脏黄染,表面和切面有针尖大出血点。肠黏膜肥厚、糜烂,从空肠至结肠有出血斑点。胰脏有紫黑色干酪样物质。严重者可见胃溃疡。

心包、胸腔和腹腔有积水。病理组织学变化为,肝脏局灶性坏死、淤血,全身淋巴结充血、出血,非化脓性脑炎,肺水肿和间质性肺炎等,在肝脏的坏死灶周围的肝细胞浆内、肺泡上皮细胞内和单核细胞内、淋巴窦内皮细胞内,常见有单个、成双或 3～5 个数量不等的弓形虫,形状为圆形、卵圆形、弓形或新月形等不同形状。

【临床诊断】 一般猪急性感染后,经 3～7 天的潜伏期,呈现和猪瘟极相似的症状,体温升高至 40.5～42℃,稽留 7～10 天,病猪精神沉郁,食欲减少甚至废绝,喜饮水,伴有便秘或腹泻。呼吸困难,常呈腹式呼吸或犬坐呼吸。后肢无力,行走摇晃,喜卧。鼻镜干燥,被毛粗乱,结膜潮红。随着病程发展,耳、鼻、后肢股内侧和下腹部皮肤出现紫红色斑或间有出血点。后期严重呼吸困难,后躯摇晃或卧地不起,病程 10～15 天。

耐过急性的病猪一般于 2 周后恢复,但往往遗留有咳嗽、呼吸困难及后躯麻痹、斜颈、癫痫样痉挛等神经症状。

妊娠母猪若发生急性弓形虫病,表现为高热、食欲废绝、精神委顿和昏睡,此种症状持续数天后可产出死胎或流产,即使产出活仔也会发生急性死亡或发育不全、不会吃奶,或产畸形胎。母猪常在分娩后迅速自愈。

【实验室诊断】 根据临床症状、病理变化和流行病学特点,可作出初步诊断的依据,确诊必须检出病原体或特异性抗体。

(1)直接观察 将可疑患病或死亡动物的组织或体液,做涂片、压片或切片,甲醇固定后,姬姆萨染色,显微镜下观察发现有弓形虫的存在。

(2)淋巴结穿刺、涂片 姬姆萨染色,显微镜检查。

(3)集虫法检查 取肺、淋巴结磨碎后加 10 倍生理盐水过滤,以 500 转/分离心 3 分钟,沉渣涂片,干燥,甲醇固定,用瑞氏或姬姆萨染色后镜检。

(4)血清学诊断 国内应用比较多的是间接血凝抑制试验。猪血清凝集价达 1：64 以上可判为阳性,1：256 表示新近感染,1：1024 表示活动性感染。

【鉴别诊断】 猪弓形虫病、猪瘟、猪肺疫、猪链球菌病(败血型)、猪附红细胞体病均有精神沉郁、体温升高、皮肤发红、发绀等症状,临床上应注意鉴别。

(1)猪瘟 虽可见全身性皮肤发绀,但不见咳嗽、呼吸困难症状。剖检可见肾脏、膀胱点状出血,脾脏有出血性梗死,慢性病例可见回盲瓣处纽扣状溃疡。肝脏无灰白色坏死灶,肺脏不见间质增宽,无胶冻样物质。

（2）猪肺疫　胸部听诊可以听到啰音和摩擦音，叩诊肋部疼痛，咳嗽加剧。剖检可见肺被膜粗糙，有纤维素性薄膜，肺切面呈暗红色和淡黄色如大理石样花纹。

（3）猪链球菌病（败血型）　不同病型表现出多种症状，如关节型表现出跛行，神经型表现共济失调、磨牙、昏睡症状。剖检可见脾脏肿大 1～2 倍，呈暗红色或蓝紫色；肾肿大，出血、充血，少数肿大 1～2 倍。

（4）猪附红细胞体病　病猪表现咳嗽、气喘，叫声嘶哑。可视黏膜先充血后苍白，轻度黄染，血液稀薄。剖检可见血液凝固不良，肝脏表面有黄色条纹坏死区。

2. 防治精要

猪舍要保持清洁，定期消毒，禁止养猫，同时注意灭鼠。防止和野生动物接触，阻断猪粪及其排泄物对畜舍、饲料、饮水等的污染。流产胎儿及其一切排出物，包括污染现场必须消毒，对死于本病的和可疑病尸严格处理，防止污染环境。对曾发病的猪场，在进入夏季时注意观察猪的食欲、体温、粪便，如有异常立即检查。发现病猪隔离治疗，治愈的病猪不能作种用，并对猪群定期做血清学检查，有计划地进行淘汰。

治疗以磺胺类药物效果较好。可用复方磺胺嘧啶或复方磺胺-6-甲氧嘧啶给病猪注射或拌料，由于磺胺嘧啶溶解度较低，较易在尿液中析出结晶，内服时应配合等量碳酸氢钠，并增加饮水。也可用磺胺嘧啶和乙胺嘧啶合剂，分 4～6 次口服。

十一、霉菌毒素中毒

饲料水分含量高及贮藏不当，可使霉菌大量繁殖，造成霉变。霉菌在大量繁殖时，除使饲料适口性下降、营养价值降低外，还会产生多种多样的霉菌毒素，动物采食后可造成霉菌毒素中毒。在我国，特别是长江中下游地区，春末及夏季，气温高，湿度大，有利于霉菌繁殖，因而动物霉菌毒素中毒性疾病常有发生。目前，已知的霉菌毒素约 200 种，其中较为重要的有黄曲霉毒素、玉米赤霉烯酮、赭曲霉毒素、杂色曲霉毒素、烟曲霉毒素、展青霉毒素、串珠镰刀菌毒素、T-2 毒素等约 25 种，而其中最常见和对畜禽危害最大的是由黄曲霉和寄生曲霉产生的黄曲霉毒素、由镰刀菌产生的玉米赤霉烯酮。

1．诊断精要

【病理诊断】

（1）黄曲霉毒素中毒　急性型主要病变为贫血和出血。在胸、腹腔，胃幽门周围可见血液，肠内出血，皮下广泛出血，尤以股部及肩胛部皮下出血明显。肝肿大，质脆，呈苍白色或黄色。胆囊缩小。胸腔及腹腔内有大量橙黄色液体。淋巴结充血且水肿。心内外膜出血。大肠黏膜及浆膜有出血斑，结肠浆膜有胶状浸润。显微镜下，可见肝胆管上皮细胞明显增生。

（2）玉米赤霉烯酮中毒　主要病理变化在生殖器官。母畜阴户肿大，阴道黏膜充血、肿胀，严重时阴道外翻，阴道黏膜常因感染而发生坏死。子宫肥大、水肿，子宫颈上皮细胞呈多层鳞状，子宫角增大，变粗变长。病程较长者，可见卵巢萎缩，乳头肿大，乳腺间质水肿。公畜乳腺增大，睾丸萎缩。

【临床诊断】

（1）黄曲霉毒素中毒　黄曲霉毒素属肝毒物，以肝脏损害为主。急性中毒一般于食入黄曲霉毒素污染的饲料1～2周发病，主要症状为抑郁、厌食、后躯衰弱、黏膜苍白、粪便干燥或腹泻，有时粪便带血，偶有神经症状，呆立墙角、以头抵墙，多于2天内死亡。慢性中毒表现为精神沉郁、食欲不振、被毛粗乱、离群独立、拱背缩腹、体温不升高、体重减轻、黏膜常见黄疸。

（2）玉米赤霉烯酮中毒　急性中毒主要表现为母猪与去势母猪初似发情现象，阴户红肿、阴道黏膜充血、肿胀、分泌物增加。严重者阴道和子宫外翻，甚至直肠和阴道脱垂，乳腺增大，哺乳母猪泌乳量减少或无乳。亚急性中毒表现为母猪性周期延长、产仔数减少、仔猪体弱、流产、死胎和不育，存活的小公猪出现睾丸萎缩、乳腺增大等雌性化现象。公猪和去势公猪也呈现雌性化现象，表现为乳腺增大、包皮水肿和睾丸萎缩。

【实验室诊断】　确诊需做霉菌分离培养、测定饲料中霉菌毒素含量并进行毒物鉴定等。

根据临床症状、病理变化和饲喂过霉变饲料的病史可作出诊断。

2．防治精要

不使用发霉变质的玉米、麦类等作饲料原料及不饲喂发霉的饲料是预防本病的根本措施,在生产配合饲料时,适当添加防霉剂,特别是在气温较高的春末及夏、秋季节,定期在饲料中加入霉菌毒素吸附剂等。

目前本病尚无有效治疗方法,发现中毒时应立即停喂可疑饲料,更换优质饲料。黄曲霉毒素中毒的猪群适当饲喂青绿饲料,注意补充维生素 A、维生素 C,酌情使用止血药物及抗生素,但禁用磺胺类药物。玉米赤霉烯酮中毒的猪群一般在停喂发霉饲料7～15 天后,临床症状即可消失,多不需要药物治疗。对子宫、阴道严重脱垂者,可使用 1：5 000 倍稀释的高锰酸钾溶液清洗,以防止感染。

第五章　以呼吸道病变和症状为主的猪病

一、猪流行性感冒

猪流行性感冒,简称猪流感,由猪流行性感冒病毒引起,是一种具有高度接触传染性的猪呼吸系统传染病,其特点为发病急骤,传播迅速。临床上以突然发热及其他伤风症状为特征。本病为人兽共患病。

1. 诊断精要

【病理诊断】　鼻腔、气管内有白色黏液附着,气管下部到支气管有大量泡沫黏液。呼吸道黏膜充血,血样黏液增多。肺前下部呈红褐色,硬度增加,周围气肿及出血。肺门淋巴结红肿,脾肿大。组织学检查,可见呼吸道黏膜上皮的纤毛消失、变性、坏死、脱落和细胞浸润。肺病变部位的支气管上皮发生变性、坏死及增生。肺泡陷落,上皮细胞增生和炎性细胞浸润。鼻与咽喉部卡他性炎症。

【临床诊断】　潜伏期2～7天。典型的症状特点是突然全群感染,所有易感猪一夜间开始咳嗽,精神及食欲不振,体温升高到40～41.5℃,呼吸困难,眼、鼻有黏液性分泌物,肌肉和关节疼痛,不愿站立。经5～7天病程后,几乎所有的病猪很快康复,如在流感暴发时不发生细菌感染,死亡率一般比较低。妊娠母猪如果感染了病毒可引起死胎或弱仔。

【实验室诊断】　主要是分离病毒、血凝试验和血凝抑制试验。

【发病特点】　本病流行有明显的季节性,主要发生于晚秋、初春及寒冷的冬季。阴雨绵延、寒冷,通风差及营养不良等因素均可诱发本病的流行。不同年龄、品种、性别的猪都可感染发病。本病呈流行性暴发,发病率高,但病死率低。

【鉴别诊断】

(1)猪肺疫　多发于气候多变的季节,与饲养管理有关。急性猪肺疫可见咽喉肿胀、口鼻流黏沫、咳嗽、呼吸困难,剖检可见急性肺水肿或广泛的肺炎。病变:咽、颈淋巴结出血,切面红色,病料染色镜检可见巴氏杆菌。

(2)猪传染性胸膜肺炎 体温升高至 41～42℃,精神沉郁,食欲减退或废绝,鼻背侧、耳、后腿、体侧皮肤发绀。严重呼吸困难,临死前从口、鼻流出带血样泡沫液体。剖检时可见纤维素性胸膜炎,胸腔内有多量带血色的液体,胸膜有粘连区。气管、支气管内充满带血色的黏液性、泡沫性渗出物。常伴发心包炎、心外膜、心包膜粘连。

2. 防治精要

加强饲养管理,提高猪群的营养需求,定时清洁环境卫生,对患病猪应及时进行隔离治疗。除康复猪带毒外,某些水禽和火鸡也可能带毒,应防止与这些动物接触。人发生 A 型流感时,应防止病人与猪接触。

本病目前尚无特效药物,治疗以对症和防止继发感染为原则。可选用以下药物:①清开灵注射液+头孢噻呋,清开灵按每千克体重 0.2～0.5 毫升,头孢噻呋每千克体重 0.01 克,混合肌内注射,每日 1 次,连用 3 天。②在饲料中混入荆防败毒散+强力霉素 300 毫克/千克,混合均匀,连续拌料 10 天;同时,饮水中加入电解多维。

二、猪巴氏杆菌病

猪巴氏杆菌病又称猪肺疫,俗称"清水喉"或"锁喉风",是由巴氏杆菌引起的一种急性、热性传染病,以败血症、咽喉炎和胸膜肺炎为主要特征。

1. 诊断精要

【病理诊断】 最急性病例常见咽喉部及其周围组织有出血性胶样浸润;皮下组织可见大量胶冻样液体;全身淋巴结肿大,切面弥漫性出血;肺水肿。急性型主要是纤维素性胸膜肺炎变化;肺有不同程度的肝变区,周围常伴有水肿和气肿,肺切面呈大理石样纹理;胸膜常有纤维素性渗出物,严重的胸腔与肺部粘连。胸腔积存大量含纤维蛋白凝块的混浊液体。慢性型的肺炎病变陈旧,有坏死灶,严重的呈干酪性或脓性坏死;肺膜明显变厚而粗糙,甚至与胸壁或心包粘连。

【临床诊断】

（1）最急性型　俗称"锁喉风"，往往突然死亡。前一天未见任何症状，次日早晨已死于圈中。经过稍慢的，体温升高到 41～42℃，结膜发绀，耳根、颈部及腹部皮肤变成红紫色，有时伴有出血斑点。最具特征性的症状是咽喉部急性肿胀、发红，触诊热而坚实，按压有明显的颤抖，严重者肿胀向上可延伸到耳根，向后可达前胸。患猪呼吸极度困难，口鼻流出泡沫，常呈犬坐姿势，多因窒息死亡。病程 1～2 天，致死率 100%，未见有自然康复者。

（2）急性型　主要为败血症和急性胸膜肺炎。体温 40～41℃，痉挛性咳嗽和湿咳，鼻流黏液性带血鼻液。呼吸困难，呈犬坐式，可视黏膜发绀，眼结膜有黏性分泌物。初便秘后腹泻。后期皮肤淤血或有小出血点，呼吸更加困难，多因窒息而死，不死者往往转为慢性。

（3）慢性型　病猪有肺炎和肠炎症状，持续咳嗽，呼吸困难，鼻孔有黏脓性分泌物。长期腹泻，日渐消瘦。有时皮肤出现痂样湿疹，关节肿胀和跛行。多经 2～4 周因衰竭死亡，其中 30%～40% 的病例可逐渐痊愈，但生长发育往往停滞。

【实验室诊断】　采取心血、各种渗出液和各实质脏器送兽医检验室检验。常对上述病料涂片做碱性美蓝染色镜检，如从各病料中均见有两端浓染、周围有蓝染菌膜的球杆菌时即可确诊。

【发病特点】　不同年龄、性别和品种的猪都可感染。饲养管理不善、气温突变、长途运输等应激因素可使猪体抵抗力降低，引起内源性感染。本病虽一年四季都可发生，但在气候多变的早春、晚秋多见，常与猪圆环病毒及猪肺炎支原体混合感染或继发感染。本病一般为散发，但毒力较强的病原菌有时可引起地方性流行。

【鉴别诊断】

（1）猪传染性胸膜肺炎　体温升高至 41～42℃，精神沉郁，食欲减退或废绝，鼻背侧、耳、后腿、体侧皮肤发绀。严重呼吸困难，临死前从口、鼻流出带血样泡沫液体。剖检时可见纤维素性胸膜炎，胸腔内有多量带血色的液体，胸膜有粘连区。气管、支气管内充满带血色的黏液性、泡沫性渗出物。常伴发心包炎及心外膜、心包膜粘连。

（2）猪流感　病猪体温升高，食欲减退或废绝，高度精神沉郁。呼吸急促，鼻流黏性分泌物。病程较短。全群发病而死亡率较低。

2. 防治精要

根据本病传播特点,首先应增强机体的抗病力。加强饲养管理,消除可能降低抗病能力因素和致病诱因,如圈舍拥挤、通风采光差、潮湿、寒冷等。圈舍、环境定期消毒。新引进猪隔离观察 1 个月后健康方可合群。接种疫苗是预防本病的重要措施,每年定期进行有计划免疫注射。目前,有猪肺疫灭活菌苗、猪肺疫内蒙古系弱毒菌苗、猪肺疫 eo-630 活菌苗、猪肺疫 ta53 活菌苗、猪肺疫 c20 活菌苗 5 种。

治疗可选择以下药物:①10％磺胺间甲氧注射液,每千克体重 0.01 克,每日肌内注射 1 次,连用 3～5 天。②盐酸土霉素,每千克体重 50 毫克,溶于生理盐水中,肌内注射,每日 2 次。至体温、食欲恢复正常后还需再注射 1 次。③四环素,每千克体重 0.5 克,溶于 5％葡萄糖-氯化钠内,同时加入氢化可的松或地塞米松,静脉注射。每天 1 次,连输 2 天。本病在治疗前建议先做药敏实验,以选择敏感药物。

三、猪支原体肺炎

猪支原体肺炎亦称猪气喘病、猪地方流行性肺炎、霉形体性肺炎,是猪的一种慢性、接触传染病,多呈慢性经过。以咳嗽、气喘为其特征。感染猪发育迟缓,饲料转化率降低,造成严重的经济损失。

1. 诊断精要

【病理诊断】　病变局限于肺和胸腔内的淋巴结。病变由肺的心叶开始,逐渐扩展到尖叶、中间叶及膈叶的前下部。肺部病变部界限明显,呈实变外观,淡灰色似胰脏颜色,呈胶样浸润半透明状态。切面湿润、平滑,肺泡界限不清,呈嫩肉样,习惯上称"肉变"或"实变"。严重的可见病变部颜色加深,呈淡紫红色、深紫色或灰白色、灰红色。病程较长者半透明状态减轻,坚韧度增加,似胰脏组织,习惯上称"胰变"。小支气管可见白色、混浊、黏稠的液体,支气管淋巴结和纵隔淋巴结肿大,切面黄白色,淋巴组织呈弥漫性增生。急性病例有明显的肺气肿病变。

【临床诊断】　该病主要临床症状为咳嗽与气喘,尤其在猪早晚出圈、吃食或驱赶运动、夜间和天气骤变时多发。体温、精神、食欲变化不明显。一般表现频繁低头咳嗽,鼻腔流出灰白色黏性或脓性鼻液。病情严重时,则出现呼吸困难,呈犬坐姿势,张口伸舌,口鼻流沫,发出喘鸣声,似拉风箱。

【其他诊断】 通过临床症状和剖检变化基本可确诊本病。此外,可用套式 PCR 检测病猪血清,阳性者为支原体感染。

【发病特点】 不同品种、年龄、性别的猪均能感染。其中,以幼猪最易感,发病率较高,其次是妊娠后期的母猪和哺乳母猪。本病四季均可发生,以冬、春寒冷季节多见。仔猪断奶过早、猪舍通风不良、猪群拥挤、气候突变、阴湿寒冷、饲养管理和卫生条件不良可诱发本病且加重病情。另外,持续的沙尘和浮尘天气也是该病发生的主要诱因。

【鉴别诊断】

猪流感:病猪体温升高,食欲减退或废绝,高度精神沉郁。呼吸急促,鼻流黏性分泌物。病程较短。全群发病而死亡率较低。

猪肺疫:病猪体温升高,流鼻液、咳嗽、呼吸困难,呈犬坐姿势,可视黏膜发绀,耳根、腹下及四肢内侧皮肤红斑。肺脏有不同程度的肝变区而非肉变,切面呈大理石状,气管、支气管内含有多量泡沫状黏液。

2. 防治精要

预防应做好以下工作。

①全进全出。在每批猪进栏前彻底消毒和空栏,同时做好防鼠、灭蝇工作。

②加强饲养管理。从非疫区引猪。猪栏之间要隔开,防止飞沫传染,保持栏内不拥挤,通风良好。健猪与病猪隔离,患病母猪禁止哺乳仔猪。

③新引进猪进行预防性投药。如泰妙菌素,每吨饲料加入 40～100 克,连喂 5～10 天。

④疫苗预防。猪气喘病灭活菌苗,肌内注射 2 毫升,仔猪 7～14 日龄初免,15 天后二免,种猪每年加强免疫 1 次。

邵国青推荐净化支原体的药物为泰妙菌素、氟苯尼考、金霉素、阿莫西林、替米考星等药物,但笔者认为,氟苯尼考在该猪场已经长期使用,支原体对其已产生耐药性,因此笔者推荐使用替米考星。具体方法如下:替米考星注射液配合黄芪多糖肌内注射,每天 1 次,连用 3～5 天;体温超过 41℃ 的发病猪,配合氨基比林注射液;体温在

40～41℃的,配合柴胡注射液;体温不超过40℃的,不用退热药物。待病猪食欲稍微恢复后,用泰妙菌素配合黄芪多糖全群拌料。

四、猪接触传染性胸膜肺炎

本病是由胸膜肺炎放线杆菌引起的猪呼吸系统的一种严重的接触性传染病。临床上以胸膜肺炎为特征。

1. 诊断精要

【病理诊断】　病变多在肺部,一般呈两侧性,常发生于心叶、尖叶及膈叶的一部分。病变部呈暗红色。界限清晰,硬度增加,切面似肝,间质充满血色胶冻样液体。肺炎病灶常覆有纤维素。胸腔内有黄红色混浊的液体。病程较长的病例,肺炎病灶常硬结或坏死,并与胸壁、心脏等粘连,胸膜表现为胸膜炎。

【临床诊断】

(1)最急性型　突然发病,病猪体温升高至41～42℃,心率增加,精神沉郁,废食,关节放线菌性脓肿,出现短期的腹泻和呕吐症状。早期病猪无明显的呼吸道症状;后期心衰,鼻、耳、眼及后躯皮肤发绀,心包放线菌性脓肿;晚期呼吸极度困难,常呆立或呈犬坐姿势,张口伸舌,咳喘,并有腹式呼吸。临死前体温下降,严重者从口鼻流出泡沫血性分泌物。病猪于出现临床症状后24～36小时死亡。有的病例见不到任何临床症状而突然死亡。此型的病死率高达80%～100%。

(2)急性型　病猪体温升高达40.5～41℃,严重的呼吸困难,咳嗽,心衰,皮肤发红,精神沉郁,乳房放线菌脓肿。由于饲养管理及其他应激条件的差异,病程长短不定,所以在同一猪群中可能会出现病程不同的病猪,如亚急性或慢性型。

(3)亚急性型和慢性型　多于急性期后期出现。病猪轻度发热或不发热,体温在39.5～40℃,精神不振,食欲减退,脊柱处有灰白色放线菌性脓肿。不同程度的自发性或间歇性咳嗽,呼吸异常,生长迟缓。病程几天至1周不等,或治疗不当有应激条件出现时,症状加重,全身肌肉苍白,心跳加快而突然死亡。

【实验室诊断】

(1)直接镜检　从鼻、支气管分泌物和肺脏病变部位采取病料涂片或触片,革兰氏染色镜检,如见到多形态的两极浓染的革兰氏阴性小球杆菌或纤细杆菌,可进一步鉴定。

(2)病原分离鉴定　将无菌采集的病料接种在7％马血巧克力琼脂、划有表皮葡萄球菌"十"字线的5％绵羊血琼脂平板上,或加入生长因子和灭活马血清的牛心浸汁琼脂平板上,于37℃含5％～10％二氧化碳条件下培养。如分离到可疑细菌,可进行生化特性、CAMP试验、溶血性测定以及血清定型等检查。

【发病特点】　本病的发生具有明显的季节性,多发生于4～5月份和9～11月份,6周龄至3月龄仔猪最易感。饲养环境突然改变、猪群的转移或混群、拥挤或长途运输、通风不良、湿度过高、气温骤变等应激因素,均可引起本病发生或加速疾病传播,使发病率和死亡率增加。

【鉴别诊断】

(1)猪支原体肺炎　呼吸困难,活动后咳嗽,干咳,体温一般无变化。剖检时肺脏的心叶、尖叶、中间叶及膈叶前缘呈对称性"胰变"或"肉变"。

(2)猪流感　病猪体温升高,食欲减退或废绝,高度精神沉郁。呼吸急促、鼻流黏性分泌物。病程较短。全群发病而死亡率较低。

(3)猪肺疫　病猪体温升高,流鼻液、咳嗽、呼吸困难,呈犬坐姿势,可视黏膜发绀,耳根、腹下及四肢内侧皮肤有红斑。肺脏有不同程度的肝变区,切面呈大理石状,气管、支气管内含有多量泡沫状黏液。

2. 防治精要

预防要点如下。

①避免引入慢性、隐性和带菌猪。如必须引种,应隔离并进行血清学检查,确为阴性猪方可引入。

②对感染猪群,可采用血清学方法检查,清除隐性和带菌猪,重建健康猪群;也可用药物防治和淘汰病猪的方法,逐渐净化猪群。

③加强饲养管理,减少应激,改善通风,及时清理粪便等污物,尽量减少有害气体对呼吸道的刺激和病原菌的扩散,发现病猪及时隔离治疗。对猪场进行严格消毒。

④对于经常发生该病的猪场,可尝试使用猪传染性胸膜肺炎疫苗对猪群进行预防。

本病治疗一般采取非肠道给药效果较好。但需注意的是本病病原菌耐药性愈来愈明显，据报道有16％菌株抗青霉素，97％菌株抗链霉素，4％～16％菌株抗磺胺类药，而单用林可霉素则完全无效。以下治疗方案仅供参考。

①10％氟苯尼考注射液，按20～30毫克/千克体重肌内注射，每天1～2次，连用3～5天。如再配合增效磺胺甲基异噁唑注射液或复方磺胺间甲氧嘧啶，分别肌内注射，每天2次，效果更好。

②复方庆大霉素注射液（4毫克/千克体重）和地塞米松（0.5～2毫克/头），肌内注射，每天2次，连用3～5天；同时配合阿莫西林15毫克/千克体重肌内注射另一侧，每天2次，连用3～5天。

③中药治疗。以清热泻火、养肺滋阴、止咳平喘为原则。方剂用麻杏石膏汤加减：麻黄20克，杏仁20克，连翘10克，半夏30克，桔梗20克，蜜制款冬花30克，桑白皮40克，黄芩30克，栀子30克，黄檗30克，黄连30克，苏子40克，石膏100克，赛素草20克，甘草15克，熬成药液后灌服。根据猪的大小，剂量可适当增减。

五、猪传染性萎缩性鼻炎

猪传染性萎缩性鼻炎是由支气管败血波氏杆菌引起猪的一种慢性传染病。其特征为鼻炎、鼻甲骨萎缩、鼻梁变形及生长迟缓。以2～5月龄仔猪最易感染。

1. 诊断精要

【病理诊断】　病变多局限于鼻腔和邻近组织。病的早期可见鼻黏膜及额窦有充血和水肿，鼻梁弯曲，脸部上撅，有多量黏液性、脓性甚至干酪性渗出物蓄积。病情进一步发展，最具特征的病变是鼻腔的软骨和鼻甲骨的软化和萎缩，大多数病例常见下鼻甲骨的下卷曲受损害，鼻甲骨上下卷曲及鼻中隔失去原有的形状，弯曲或萎缩。鼻甲骨严重萎缩时，使腔隙增大，上下鼻道的界限消失，鼻甲骨结构完全消失，常形成空洞。

【临床诊断】　发病初始，可见仔猪出现鼻炎症状，有喷嚏、鼾声和少量浆液性或脓性分泌物，并在一些猪中出现程度不同的鼻出血。病猪常表现拱地，用前肢扒抓或摩擦鼻部。在发生鼻炎的同时，眼角流泪，在内眼皮下皮肤上形成半月形灰色或黑色的泪斑。经几天至几周可出现面部变形或歪斜。面部变形表现在病猪鼻短,向上拱起,鼻背皮肤增厚,有较深的皱褶。面部歪斜表现为鼻孔大小不一,鼻子歪向一侧(俗称"歪鼻子病")。由于额窦受害生长受阻,两眼间的宽度狭窄。少数猪引起脑炎或肺炎症状。

【实验室诊断】 根据临床症状、病理变化一般均可作出初步诊断。有条件者,可用 X 射线作早期诊断,用鼻腔镜检查可作辅助性诊断。也可采病料分离病原,用微生物学和血清学方法进行实验室诊断。

【发病特点】 本病在猪群内传播比较缓慢,多为散发或地方流行性,不同年龄的猪均有易感性,以幼猪的病变最为明显。病猪、带菌猪经呼吸道将病原体传给仔猪。饲养管理不良,猪舍潮湿,饲料中缺乏蛋白质、无机盐和维生素,可促进本病的发生。

【鉴别诊断】

(1)猪支原体肺炎 呼吸困难,活动后咳嗽,干咳,体温一般无变化。剖检时肺脏的心叶、尖叶、中间叶及膈叶前缘呈对称性"胰变"或"肉变"。

(2)猪肺疫 病猪体温升高,流鼻液、咳嗽、呼吸困难,呈犬坐姿势,可视黏膜发绀,耳根、腹下及四肢内侧皮肤红斑。肺脏有不同程度的肝变区,切面呈大理石状,气管支气管内含有多量泡沫状黏液。

2. 防治精要

在常发地区可用猪萎缩性鼻炎灭活菌苗,于母猪分娩前 40 天左右注射 2 次,间隔 2 周,以保护出生后几周内的仔猪不受感染;待仔猪长至 1～2 周龄时,再给仔猪注射菌苗 2 次,间隔 1 周。

对发病猪场进行消毒封锁,停止外调,淘汰病猪,更新种猪群。或对全群实行药物治疗和预防,连续喂药 5 周以上,以促进康复。

本病应及早治疗,7 日龄以后的仔猪一旦出现打喷嚏和鼻子发痒的症状即开始治疗,否则治疗效果不明显。

①肌内注射 30% 安乃近配合复方新诺明注射液,或 2.5% 恩诺沙星。也可用 0.05% 阿莫西林饮水治疗。

②用 0.1% 高锰酸钾溶液清洗猪鼻腔,然后用 0.1% 肾上腺素(2 毫升)配合链霉素溶液(100 万单位加注射用水 25 毫升溶解)滴鼻;用土霉素或磺胺二甲嘧啶拌料。

六、猪后圆线虫病

猪后圆线虫病是由后圆线虫(又称猪肺线虫)寄生于猪的支气管和细支气管引起的一种呼吸系统寄生虫病。本病呈全球性分布。我国也常发生此病,往往呈地方性流行,对幼猪的危害很大。严重感染时,可引起肺炎(尤以肺膈叶多见),而且能加重肺部细菌性和病毒性疾病的危害。

1. 诊断精要

【病理诊断】 在膈叶腹面边缘有楔状肺气肿区,支气管增厚和扩张,靠近气肿区有坚实的灰色小结。解剖细支气管时可在肺膈叶内发现黏性物质,其中充满成虫和虫卵、虫体、黏液、组织碎片阻塞支气管和细支气管,引起阻塞性肺膨胀不全,表现为剧咳和肺气肿。

【临床诊断】 成年猪症状轻微,但影响生长发育。小于6月龄的猪可出现剧烈咳嗽和呼吸困难,特别在运动、采食和遇到冷空气刺激时症状尤为严重。病猪食欲不良、贫血、生长缓慢和被毛粗乱。

【实验室诊断】 肺表面有白色隆起、呈肌肉样硬变的病灶,切开发现白色丝状虫体即可确诊。

【发病特点】 一般夏、秋季发病。成年猪虽然症状轻微,但影响生长发育。肺线虫幼虫移行时还可携带猪瘟等病毒,从而引起严重的并发症。

【鉴别诊断】

(1)猪传染性萎缩性鼻炎 喷嚏,呼吸困难,眼下形成半月形黄黑色泪斑。鼻腔和面部变形,外观鼻短缩或歪向一侧。体温一般正常。

(2)猪肺疫 病猪体温升高,流鼻液、咳嗽、呼吸困难,呈犬坐姿势,可视黏膜发绀,耳根、腹下及四肢内侧皮肤有红斑。肺脏有不同程度的肝变区,切面呈大理石状,气管支气管内含有多量泡沫状黏液。

2. 防治精要

预防要点如下。

①猪舍应尽可能地建在较干燥的地方。对放牧猪应严加注意,尽量避免去蚯蚓密集的潮湿地区放牧。

②对本病流行的猪场,应有计划地进行驱虫。对3～6月龄的猪更需多加注意,遇可疑病例时应做粪便检查,确诊后驱虫。

③猪粪集中进行堆积发酵。

治疗可选择以下药物:丙硫咪唑,每千克体重10～20毫克,混入饲料喂服。左咪唑,每千克体重8～15毫克,混入饲料喂服。阿维菌素或伊维菌素,每千克体重0.3毫克,皮下注射或口服。多拉菌素,每千克体重0.3毫克,皮下或肌内注射。氰乙酰肼,口服,每千克体重17.5毫克;皮下或肌内注射,每千克体重15毫克,严重者可连用3天。如有继发感染,应配合使用抗生素进行治疗。

七、猪霉菌性肺炎

霉菌性肺炎是一种由入侵的霉菌所致的呼吸系统疾病。该病的特点是在动物组织器官中,尤其是在肺组织中发生炎症。霉菌是小型丝状真菌的通俗名称,属一类由孢子产生分枝菌丝的微生物。

1. 诊断精要

【病理诊断】 肺充血,水肿,间质增宽,充满混浊液体。将肺切开,切口流出大量带泡沫的血水,肺内有灰白色大小不等的肉芽样结节,但没有气喘病的融合性病灶。切开气管,喉头及鼻腔充满白色泡沫。心包增厚,心包腔积水,胸腹水增多,全身淋巴结水肿,尤以肺门、股内侧、颌下淋巴结为显著,切面多汁,有干酪样坏死。肾表面有淤血点。胃黏膜有纽扣样溃疡。

【临床诊断】 早期病猪呼吸急迫,腹式呼吸,鼻流浆性或黏性分泌物,多数体温40.4～41.5℃,稽留热。食欲减少,有的停食,但饮欲增加,精神委顿,卧地,不愿走动,强行驱赶,步态困难,并张口吸气。中后期多数腹泻,小猪更严重,粪便稀烂腥臭,后躯粪污,严重脱水。急性病例5～7天死亡,亚急性10天左右死亡,少数拖延30～40天。少数病猪出现侧头、反应增高的神经症状。病死前耳尖、四肢、腹部的皮肤出现紫斑。有些慢性病例好转后,会出现生长缓慢,甚至复发死亡的现象。

【实验室诊断】　霉菌学检验:采取病变肺脏、肾的结节组织,置载玻片压片镜检,可见大量放射状菌丝或不规则分枝状的菌丝团。取肺、肾病料接种于培养基上进行分离培养,如长有霉菌,进一步纯培养,镜检形态特征鉴定为根霉和毛霉。

【发病特点】　由于气候温暖、雨季潮湿,食物及饲料发霉变质或垫草严重发霉,猪感染病原性霉菌而发病。据统计,该病发病率在 $15\%\sim20\%$,但死亡率可达到 $70\%\sim75\%$,以中猪的发病率和死亡率高,母猪和哺乳仔猪不发病,仔猪开食后 $15\sim20$ 天,先补料的先发病、先死亡,尤其是体格大、膘情较好的仔猪。如果防治不及时或措施不当,会造成严重的经济损失。

【鉴别诊断】

(1)猪瘟　相似症状:体温升高,呈稽留热,卧下不愿动,废食,中、后期腹泻,皮肤发紫等。不同处:猪瘟有传染性,鼻不流黏性鼻液,公猪尿鞘有混浊异臭分泌物。剖检病变:脾边缘有梗死灶,回盲瓣有纽扣状溃疡,肾表面、膀胱黏膜有密集小出血点,肠系膜淋巴结深红色或紫红色。

(2)猪肺疫　相似症状:体温高,流黏性鼻液,呼吸迫促困难,后有腹泻,皮肤有出血斑等。不同处:猪肺疫有传染性,咽喉型咽喉、颈部红肿,流涎;胸膜肺炎型胸部叩诊疼痛、咳嗽加剧,呈犬坐、犬卧状。剖检可见全身黏膜、浆膜、皮下组织出血,咽喉部周围组织浆液浸润,肺肿大坚实,表面呈暗红色或灰黄红色,病灶周围一般均有淤血、水肿和气肿,切面呈大理石花纹,气管、支气管有黏液(非泡沫)。病料涂片染色镜检,可见卵圆形两极明显浓染的小球杆菌。

(3)猪沙门氏菌病　相似症状:体温升高,呼吸困难,后期腹泻,耳、腹下皮肤有紫斑,消瘦等。不同处:猪沙门氏菌病有传染性。寒战,眼有黏性、脓性分泌物。少数有角膜炎。粪便呈淡黄色或灰绿色,含有血液和黏膜碎片,有恶臭。皮肤有痂样湿疹。剖检可见结盲肠甚至回肠有坏死性肠炎,肠壁肥厚,黏膜上覆盖假膜,揭开假膜为边缘不规则的溃疡面。用肝、脾、肾、肠系膜淋巴结涂片染色镜检,可见革兰氏阴性、两端椭圆形或卵圆形不运动、不形成芽胞和荚膜的小杆菌。

2. 防治精要

平时饲料应保持干燥,杜绝饲喂霉变或可疑霉变饲料。彻底清洗食槽和饮水器械,坚持消毒。隔离病猪和可疑病猪。

治疗可选择以下药物：①克霉唑 5～10 克，分 2 次内服。②1：3 000 硫酸铜溶液 600～2 400 毫升，饮水用。③1.5％碘化钾溶液 500～1 000 毫升，内服。④白矾 45 克，黄连 30 克，黄芩 30 克，白金芷 5 克，郁金 30 克，知母 30 克，葶苈子 30 克，贝母 30 克，明雄黄 25 克，桑白皮 60 克，研末，沸水冲调，或水煎取汁，候温灌服。

第六章　以消化道病变和腹泻为主要症状的猪病

一、猪传染性胃肠炎

猪传染性胃肠炎是由猪传染性胃肠炎病毒引起猪的一种高度接触性消化道传染病。以呕吐、水样腹泻、脱水，以及致 2 周龄内仔猪高死亡率为特征的病毒性传染病。世界动物卫生组织（OIE）将其列为 B 类动物疫病。

1. 诊断精要

【病理诊断】　空肠和回肠的绒毛显著萎缩。感染的上皮细胞受到破坏脱落，肠腔内高渗，严重腹泻脱水。主要的病理变化为急性肠炎，从胃到直肠可见程度不一的卡他性炎症。胃肠充满凝乳块，胃黏膜充血；小肠充满气体。肠壁弹性下降，管壁变薄，呈透明或半透明状；肠内容物呈泡沫状、黄色、透明；肠系膜淋巴结肿胀，淋巴管没有乳糜。心、肺、肾未见明显的肉眼可见病变。

病理组织学变化可见小肠绒毛萎缩变短，甚至坏死，与健康猪相比，绒毛缩短的比例为 1：7；肠上皮细胞变性，黏膜固有层内可见浆液性渗出和细胞浸润。肾由于曲细尿管上皮变性、尿管闭塞而发生浊肿，脂肪变性。电子显微镜观察，可见小肠上皮细胞的微绒毛、线粒体、内质网及其他细胞质内的成分变性，在细胞质空泡内有病毒粒子存在。

【临床诊断】　一般 2 周龄以内的仔猪感染后 12～24 小时会出现呕吐，继而出现严重的水样或糊状腹泻，粪便呈黄色，恶臭，常夹有未消化的凝乳块，体重迅速下降，明显脱水，发病 2～7 天死亡，死亡率达 100%；在 2～3 周龄的仔猪，死亡率在 0～10%。断奶猪感染后 2～4 天发病，表现水泻，呈喷射状，粪便呈灰色或褐色，个别猪呕吐，在 5～8 天后腹泻停止，极少死亡，但体重下降，常表现发育不良，成为僵猪。有些母猪与患病仔猪密切接触反复感染,症状较重,体温升高,泌乳停止,呕吐、食欲不振和腹泻,也有些哺乳母猪不表现临床症状。

【实验室诊断】 方法有免疫荧光、酶联免疫吸附试验与中和试验。

【发病特点】 该病对首次感染的猪群造成的危害尤为明显。在短期内能引起各种年龄的猪 100% 发病,病势依日龄而异,日龄越小,病情愈重,死亡率也愈高,2 周龄内的仔猪死亡率达 90%~100%。康复仔猪发育不良,生长迟缓,在疫区的猪群中,患病仔猪较少,但断奶仔猪有时死亡率达 50%。

【鉴别诊断】 可采用实验室检查对猪传染性胃肠炎、猪流行性腹泻、猪轮状病毒感染、仔猪白痢等腹泻疾病进行鉴别诊断。

2. 防治精要

平时不引入病猪,做好母猪产前免疫,加强综合性预防措施,对疫区及受威胁的猪场可进行疫苗接种。我国已有由中国农业科学院哈尔滨兽医研究所研制的弱毒疫苗和猪传染性胃肠炎与猪流行性腹泻二联灭活疫苗,对预防该病的发生有良好的效果。

发生该病时,立即将病猪与健康母猪和未感染的仔猪隔离饲养,以保护仔猪免受感染,圈舍清扫干净,并用草木灰水或碱水消毒,可用下列药物控制继发感染:磺胺脒 0.5~4 克、次硝酸铋 1~5 克、碳酸氢钠 1~4 克,混合口服。对失水过多的重病猪,适当静脉注射葡萄糖-氯化钠溶液。饲料中加入白头翁散(沸水焖后效果更好)。

二、猪流行性腹泻

猪流行性腹泻是由猪流行性腹泻病毒引起的仔猪和育肥猪的一种急性接触性肠道传染病。其特征为呕吐、腹泻、脱水。临床症状与猪传染性胃肠炎极为相似。在我国多发生在每年 12 月份至翌年 1~2 月份,夏季也有发病的报道。可发生于任何年龄的猪,年龄越小,症状越重,死亡率高。1971 年首发于英国,20 世纪 80 年代初我国陆续发现本病。

1. 诊断精要

【病理诊断】 眼观变化仅限于小肠,小肠扩张,内充满黄色液体,肠系膜充血,肠系膜淋巴结水肿,小肠绒毛缩短。组织学变化可见空肠段上皮细胞的空泡形成和表皮脱落,肠绒毛显著萎缩。绒毛长度与肠腺隐窝深度的比值由正常的 7∶1 降到 3∶1。上皮细胞脱落最早发生于腹泻后 2 小时。

【临床诊断】 潜伏期一般为 5～8 天,人工感染潜伏期为 8～24 小时。主要的临床症状为水样腹泻,或者在腹泻之间有呕吐。呕吐多发生于吃食或吃奶后。症状的轻重随年龄的大小而有差异,年龄越小,症状越重。1 周龄内新生仔猪发生腹泻后 3～4 天,呈现严重脱水而死亡,死亡率可达 50％,最高的死亡率达 100％。病猪体温正常或稍高,精神沉郁,食欲减退或废绝。断奶猪、母猪常呈精神委顿、厌食和持续性腹泻大约 1 周,并逐渐恢复正常。少数猪恢复后生长发育不良。肥育猪在同圈饲养感染后都发生腹泻,1 周后康复,死亡率 1％～3％。成年猪症状较轻,有的仅表现呕吐,重者水样腹泻 3～4 天可自愈。

【发病特点】 本病在流行病学和临床症状方面与猪传染性胃肠炎无显著差别,只是病死率比猪传染性胃肠炎稍低,在猪群中传播的速度也较缓慢些。常发生于寒冷季节。

2. 防治精要

加强新生仔猪的保温工作。做好猪场全面消毒,场区周边可撒布生石灰。发病时可减少喂料,多给饮水。预防机体脱水、酸中毒,抗菌消炎,止泻补液。我国已研制出猪流行性腹泻甲醛-氢氧化铝灭活疫苗,保护率达 85％,可用于预防本病。还研制出猪流行性腹泻和猪传染性胃肠炎二联灭活苗,这两种疫苗免疫妊娠母猪,仔猪通过初乳获得保护。

发生本病时可用传染性胃肠炎-流行性腹泻二联苗紧急接种。结合白头翁散、抗生素疗法以防止继发感染,口服补液盐溶液。在发病猪场仔猪断奶时免疫接种可降低这两种病的发生。

在本病流行地区可对妊娠母猪在分娩前 2 周,以病猪粪便或小肠内容物进行人工感染,以刺激其产生母源抗体,缩短本病在猪场中的流行。

本病应用抗生素治疗无效,可参考猪传染性胃肠炎的防治办法。

以下方法供参考:①白细胞干扰素 2 000～3 000 单位,每天 1～2 次,皮下注射。②口服补液盐溶液 100～200 毫升,一次口服。③盐酸山莨菪碱,仔猪 5 毫升,大猪 20

毫升,每天 1 次,后海穴注射。④应用抗生素(四环素、庆大霉素)防止继发细菌性感染。⑤中药处方:党参、白术、茯苓各 50 克,煨木香、藿香、炮姜、炙甘草各 30 克。取汁加入白糖 200 克,拌少量饲料喂服。

三、猪轮状病毒感染

本病是由轮状病毒感染引起仔猪暴发消化道功能紊乱的一种急性肠道传染病,大猪多隐性感染。多发生在晚秋、冬季和早春季节。

1. 诊断精要

【病理诊断】 病变主要在消化道,胃内有凝乳块,肠管变薄,内容物为液状,呈灰黄色或灰黑色,小肠绒毛缩短。

【临床诊断】 病猪精神不振,食欲减少,不愿走动,仔猪哺乳后迅速发生呕吐及腹泻,粪便呈水样或糊状,黄白色或暗黑色。脱水明显。初生仔猪感染率高,发病严重。10～20 日龄仔猪症状轻,当环境温度下降和继发大肠杆菌病时常使症状加重和死亡率增高。

【发病特点】 轮状病毒主要存在于病猪的肠道内,随粪便排到外界环境,污染饲料、饮水、垫草和土壤,经消化道感染其他猪。

2. 防治精要

可用猪轮状病毒油佐剂灭活苗或猪轮状病毒弱毒双价苗对母猪或仔猪进行免疫预防。油佐剂苗于妊娠母猪临产前 30 天肌内注射 2 毫升;仔猪于 7 日龄和 21 日龄各注射 1 次,注射部位在后海穴(尾根和肛门之间凹窝处),每次每头注射 0.5 毫升。弱毒苗于临产前 5 周和 2 周分别肌内注射 1 次,每次每头 1 毫升。

加强管理,保持圈舍清洁卫生,勤打扫、勤冲洗。猪舍及用具经常进行消毒,仔猪要注意防寒保暖,增强母猪和仔猪的抵抗力。在疫区要使新生仔猪及早吃到初乳,使其获得母源抗体的保护。

发现病猪立即隔离到清洁、消毒、干燥和温暖的猪舍中,加强护理,给予易消化的饲料,及时清除病猪粪便及被其污染的垫草,消毒被污染的环境和器物。

治疗可采用以下方法:饮用葡萄糖-甘氨酸溶液(葡萄糖 22.5 克、氯化钠 4.75 克、甘氨酸 3.44 克、枸橼酸 0.27 克、枸橼酸钾 0.04 克、无水磷酸钾 2.27 克,溶于 1 升水中即成)。

防脱水和酸中毒,可用 5%～10% 葡萄糖盐水和 10% 碳酸氢钠注射液静脉注射,每天 1 次,连用 3 天。硫酸庆大小诺霉素注射液 16 万～32 万单位,地塞米松注射液 2～4 毫克,一次肌内或后海穴注射,每日 1 次,连用 2～3 天。枣树皮焙干研末,大猪一次服 150～200 克,连服 3～5 次即愈。

四、猪大肠杆菌病

猪大肠杆菌病是由致病性大肠杆菌引起的仔猪肠道传染性疾病。常见的有仔猪黄痢、仔猪白痢和仔猪水肿病 3 种,以肠炎、肠毒血症为特征。

1. 诊断精要

【病理诊断】

(1)仔猪黄痢　尸体脱水,表现皮肤干燥、皱缩,口腔黏膜苍白。最显著的病变为肠道急性卡他性炎症,其中以十二指肠最为严重。

(2)仔猪白痢　剖检无特异性病理变化,一般表现消瘦和脱水等外观变化。部分肠黏膜充血,肠壁菲薄而呈半透明状,肠系膜淋巴结水肿。

(3)仔猪水肿病　全身多处组织、特别是胃壁黏膜水肿是本病的特征。胃壁黏膜水肿多见于胃大弯和贲门部。水肿发生在胃的肌肉和黏膜层之间,切面流出无色或混有血液而呈茶色的渗出液,或呈胶冻状。水肿部的厚度不一致,薄者仅能察见,厚者可达 3 厘米左右,面积 3.3～13.2 厘米^2。大肠肠系膜水肿,结肠肠系膜胶冻状水肿亦很常见。此外,大肠壁、全身淋巴结、眼睑和头颈部皮下亦有不同程度的水肿。胃底和小肠黏膜、淋巴结等有不同程度的充血。心包、胸腔和腹腔有程度不等的积液。

【临床诊断】

(1)仔猪黄痢　最急性的病例无明显症状,出生 10 多个小时后突然死亡,2～3 日龄仔猪感染时病程稍长,表现为排便次数增加,1 小时内数次。粪便黄色或黄白色糊状,含有凝乳小块。病猪精神沉郁,不吃奶,口渴,迅速消瘦。全身衰弱,终因脱水、全身衰竭、昏迷而死亡。

（2）仔猪白痢　体温一般无明显变化。病猪腹泻,排出白色、灰白色或黄色粥状有特殊腥臭的粪便。畏寒,脱水,吃奶减少或不吃,有时可见吐奶。除少数发病日龄较小的仔猪易死亡外,一般病情较轻,易自愈,但多反复而形成僵猪。

（3）仔猪水肿病　盲目行走或转圈,共济失调,口吐白沫,叫声嘶哑,进而倒地抽搐,四肢呈游泳状,逐渐发生后躯麻痹,卧地不起,在昏迷状态中死亡。体温在病初可能升高,很快降至常温或偏低。眼睑或结膜及其他部位水肿。病程数小时至1～2天。

【实验室诊断】　通常根据发病日龄、临床症状及剖检变化一般可作出初步诊断。确诊必须有赖于实验检查。其方法为:采取发病仔猪粪便（最好是未经治疗的）,或新鲜尸体的小肠前段内容物,接种于麦康凯或鲜血琼脂平板上,挑取可疑菌落做纯培养,经生化试验确定为大肠杆菌后,再做肠毒素或吸着因子的测定。非致病性大肠杆菌只能产生内毒素,不产生肠毒素,故用小肠结扎试验呈阴性反应。

【流行特点】

（1）仔猪黄痢　又称早发性大肠杆菌病,是1～7日龄仔猪发生的一种急性、高度致死性的疾病。临床上以剧烈腹泻、排黄色水样稀便、迅速死亡为特征。本病在世界各地均有流行。炎夏和寒冬潮湿多雨季节发病严重,春、秋温暖季节发病少。猪场发病严重,分散饲养的发病少。

头胎母猪所产仔猪发病最为严重,随着胎次的增加,仔猪发病逐渐减轻。这是由于母猪长期感染大肠杆菌而逐渐产生了对该菌的免疫力。在新建的猪场,本病的危害严重,之后发病逐渐减轻也就是这个原因。新生24小时内仔猪最易感染发病,一般在出生后3天左右发病,最迟不超过7天。在梅雨季节也有出生后12小时发病的。头胎母猪产的仔猪最易发生本病,随着日龄的增长,发病率和致死率逐渐减少。

（2）仔猪白痢　由大肠杆菌引起的10日龄左右仔猪发生的消化道传染病。临床上以排灰白色粥样稀便为主要特征,发病率高而致死率低。病原尚不完全肯定。猪肠道菌群失调、大肠杆菌过量繁殖是本病的重要病因。江苏省农业科学院实验证实猪轮状病毒感染是仔猪白痢的病因之一。气候变化、饲养管理不当是本病发生的诱因。

（3）仔猪水肿病　由溶血性大肠杆菌毒素引起,以断奶仔猪眼睑或其他部位水肿、神经症状为主要特征。该病多发于仔猪断奶后1～2周,发病率5％～30％,病死率达

90％以上。近年来本病又有新的流行特点:首先发病日龄不断增加,据各地反馈情况40～50千克的猪都有水肿病的发生;再者吃得越多、长得越壮的猪发病率和死亡率越高。

2. 防治精要

(1)仔猪黄痢

①管理措施　加强对妊娠母猪产前产后的饲养与护理,产房严格清扫、冲洗、消毒,在喂初乳前使用高锰酸钾温水擦洗乳头消毒,仔猪应及时吮吸初乳。

②免疫接种　用针对本地(场)流行的大肠杆菌血清型制备的多价活苗或灭活苗接种妊娠母猪或种猪,可使仔猪获得被动免疫。

③药物预防　母猪产前与产后 3 天,在饲料中添加土霉素、环丙沙星等药物预防。仔猪出生 8 小时以内,将新霉素粉或硫酸黏杆菌粉或氟苯尼考粉按每头 0.25 克,涂抹于仔猪口腔内。

④药物治疗　出现症状时再治疗,往往效果不佳。一头发病,应全窝同治。治疗越早,损失越小。大肠杆菌易产生抗药菌株,宜交替用药,如果条件允许,最好先做药敏试验后再选择用药。治疗药物主要是庆大霉素、新霉素、磺胺类药物、喹诺酮类药物,治疗的同时给仔猪补液,可口服补液盐或 5％葡萄糖。

(2)仔猪白痢　由于本病病因尚不十分明确,因此疫苗预防效果往往并不理想,药物预防可参照仔猪黄痢的预防方案。加强妊娠母猪和哺乳母猪的饲养管理,防止过肥或过瘦。根据体况,合理调配饲料,使母猪在妊娠期及产后有较好的营养,保持泌乳量的平衡,防止乳汁过浓或过稀。母猪产仔前,将圈舍(产圈)打扫干净,彻底消毒,或用火焰喷灯消毒铁架和地面。母猪乳房用消毒液或温水洗净、擦干,阴门及腹部亦应擦洗干净。尽量减少或防止各种应激因素的发生。仔猪早开食,补铁,增强体质。

治疗一般遵循抑菌、收敛及促进消化的原则,常用药物如白龙散、金银花大蒜液、微生态活菌制剂、土霉素或金霉素原粉、喹诺酮类、磺胺类药物等。

(3)仔猪水肿病　目前对本病尚无特异的有效疗法,预防关键在于改善饲养管理,饲料营养要全面,蛋白质含量不能过高。在没有本病的地区,不要由疫区购进新猪,邻近猪场发生本病,应做好防疫工作。在有本病的猪群内,对断奶仔猪在饲料中添加适宜的抗菌药物。切忌突然断奶和更换饲料,断奶时防止突然改变饲养条件,断奶后的仔猪不要饲喂过饱。保持猪舍清洁、干燥、卫生,定期冲洗消毒。

治疗主要是采取综合、排毒、调节电解质平衡、对症疗法。初期治疗效果一般,后期无效。病初可投服适量缓泻盐类泻剂,促进胃肠蠕动和分泌,以排出肠内容物;肌内注射抗菌药物如庆大霉素、小诺霉素、磺胺类药物等。饲喂大蒜素和维生素 C,以中和毒素和解毒。

五、猪沙门氏菌病

本病又称猪副伤寒,是由沙门氏菌引起的 1～4 月龄仔猪的一种常见传染病。急性病例呈败血症变化,慢性病例呈坏死性、纤维素性肠炎及卡他性或干酪样肺炎。本病主要发生于 1～4 月龄仔猪,成年猪很少发病。

1. 诊断精要

【病理诊断】

(1)急性型 呈败血症变化。全身各黏膜、浆膜均有不同程度的出血斑点。脾脏肿大,质地较硬,色暗带蓝,肠系膜淋巴结索状肿大,其他淋巴结肿大,软而红色,呈大理石状。肝、肾不同程度肿大、充血、出血。有时见肝实质有黄灰色坏死点。

(2)亚急性和慢性型 病死猪特征性病变是盲肠、结肠,可见坏死性肠炎,有时可波及至回肠后段,肠壁增厚,肠黏膜表面覆盖一层灰黄色弥漫性坏死性腐乳状物质,剥开可见底部红色、边缘不规则的溃疡面。肠系膜淋巴结索状肿胀,部分呈干酪样变。有的可在肺的心叶、尖叶和膈叶前下缘发现肺炎实变区。

【临床诊断】

(1)急性型(败血型) 病初体温升高达 41～42℃,精神沉郁,不食。后期腹泻,出现水样、黄色粪便。呼吸困难。耳尖、胸前和腹下及四肢末端皮肤有紫红色斑点。本病多数病程为 2～4 天。病死率高。

(2)亚急性和慢性型 病猪体温升高达 40.5～41.5℃,精神不振,寒战,扎堆,眼有黏性或脓性分泌物,上下眼睑常被粘着。病猪食欲减退,消瘦,初便秘后腹泻,粪便呈水样淡黄色或灰绿色,恶臭。部分病猪在病的中、后期皮肤出现弥漫性湿疹,特别是腹部皮肤,有时可见绿豆大、干枯的浆性覆盖物,揭开可见浅表溃疡。病程 2～3 周或更长,最后极度消瘦,衰竭而死。康复病例往往生长不良,成为僵猪。

【实验室诊断】

(1)样品采集 采取病猪的脾、肝、心血或骨髓样品等病料做细菌的分离培养鉴定,才能确诊。

(2)病原检查 对病原分离鉴定(预增菌和增菌培养基、选择性培养基培养,用特异抗血清进行平板凝集试验和生化试验鉴定)。

(3)血清学检查 包括凝集试验、酶联免疫吸附试验。

【发病特点】 病猪和带菌猪是主要传染源,可从粪、尿、乳汁以及流产的胎儿、胎衣和羊水排菌。本病主要经消化道感染。交配或人工授精也可感染。在子宫内也可能感染。另据报道,健康家畜带菌(特别是鼠伤寒沙门氏菌)相当普遍,当受外界不良因素影响以及动物抵抗力下降时,常导致内源性感染。

本病主要侵害 6 月龄以下仔猪,尤以 1～4 月龄仔猪多发。6 月龄以上仔猪很少发病。一年四季均可发生,但阴雨潮湿季节多发。

2. 防治精要

预防要点如下。

①改善饲养管理和卫生条件,消除引起发病的诱因,圈舍彻底清扫、消毒,特别是要保证饲料洁净,粪便堆积发酵后利用。

②免疫接种。1 月龄以上哺乳或断奶仔猪,用仔猪副伤寒冻干弱毒菌苗预防接种,肌内注射、口服均可,免疫期 9 个月。

③增强仔猪抗病力,尽早让仔猪吃足初乳。发病猪要及时隔离,并及早治疗。对易感猪群要进行药物预防,可将药物拌在饲料中,连用 5～7 天。常用药物有氟苯尼考、环丙沙星、土霉素、卡那霉素、新霉素、复方新诺明、氟哌酸、黄连素、硫酸庆大霉素、磺胺嘧啶等抗菌药,最好进行药敏试验,选择敏感药物。也可按猪只大小用康复血清肌内注射,每天 1 次,连用 2 天。这些药物再配合维生素 B_2,疗效更佳。

病死猪要深埋,不可食用,以免发生中毒。

六、猪增生性肠炎

猪增生性肠炎(PPE)是由细胞内劳森氏菌引起的一种接触性传染病,常发生于

6～20周龄的生长育成猪,是近年来受到世界各国重视的常见猪病。被感染的猪群死亡率虽然不高,仅有5%～10%,但由于患猪对饲料利用率下降(比正常猪下降17%～40%),生长迟缓,被迫淘汰率升高,猪舍占用时间延长,给养猪业带来的经济损失还是严重的。

1. 诊断精要

【病理诊断】 特征性病变是小肠及结肠黏膜增厚、坏死或出血。小肠后部、结肠前部和盲肠增厚,有的肠肌肉呈显著肿大;病变部位还可见凝固性坏死和炎性渗出物,小肠内有凝血块,结肠内粪便混有血液。

【临床诊断】 临床特征为腹泻,粪便稀软、不成形,血便。有急性型与慢性型之分。急性型占的比例小,慢性型占的比例大。不管是急性型还是慢性型,如无继发感染,体温一般都正常。急性型的患猪,主要表现为突然严重腹泻,排沥青样黑色粪便或血样粪便,不久虚脱死亡,也有的仅表现皮肤苍白,未发现粪便异常而在挣扎中死亡。慢性型的患猪,临床表现轻微,表现同一栏猪不时出现几头腹泻,间歇性腹泻,粪便呈糊状或不成形,混有血液或坏死组织碎片;厌食,对食物好奇,但往往吃几口就走;精神委靡,拱背弯腰,皮肤苍白,消瘦,生长不良,甚至生长停止或下降;病程15～25天,有的形成僵猪,有的在衰竭中死亡。

【实验室诊断】 取肠黏膜涂片,姬姆萨液染色,镜检,观察到细胞内有两端尖或钝圆、杆状的劳森氏菌,即可确诊。

【鉴别诊断】 本病应注意与密螺旋体病(猪痢疾)区别,后者除腹泻混有血液外,尚有黏液和坏死物;剖检病变集中于大肠;死亡率高,严重感染猪,如不及时治疗或治疗方法不当,都可能死亡。

2. 防治精要

一旦发现本病,对病猪与同群猪同时采用综合防治措施。

①将出现临床症状的病猪挑出,隔离治疗,交替使用2.5%恩诺沙星注射液和2%环丙沙星注射液,按说明书的剂量于患猪后海穴(又称交巢穴,肛门之上、尾根之下,中央凹陷处)注射,每天2次,连续3～4天;同时在基础日粮中添加泰乐菌素和阿莫西林粉,连用5～7天。不但能治愈本病,而且对可能继发感染某些细菌性疾病也有很好的

防治作用。

对尚未表现临床症状的同群假定健康猪,在饲料中添加氟苯尼考粉,连用 5 天后停药,再在日粮中添加庆大霉素粉,连喂 5 天,可有效地预防在同群猪有新的病例发生。

②彻底清除猪栏内外的粪便后,用消毒药对猪舍、猪体、饲槽、用具和周围环境进行消毒,2 天 1 次,直到病猪康复为止。

③对出现临床症状的患猪改饮常水为口服补液盐(配方为食盐 350 克,碳酸氢钠 250 克,氯化钾 150 克,白糖 2 千克,常用水 100 升),以利于增加机体的电解质,保持酸碱平衡,增加抗病能力,促进生长发育。经过药物治疗后,对少数猪仍机体瘦弱、贫血、食量少的,每头分别一次肌内注射牲血素(含硒型)2.5～3 毫升,复合维生素 B 注射液 4～5 毫升。对增加食欲、恢复健康、促进生长发育有良好的作用。

采用上述综合防治措施,猪群疫情一般可得以控制并平息。猪群中尚未表现临床症状的猪不会发病,出现临床症状的猪 95% 可以康复。

七、仔猪梭菌性肠炎

仔猪梭菌性肠炎又叫仔猪红痢或仔猪传染性坏死肠炎,是由 C 型魏氏梭菌引起的初生仔猪的一种高度致死性肠毒血症。以排血样便、肠坏死、病程短、病死率高为特征。特征性病理变化为出血性、坏死性肠炎。猪魏氏梭菌也可以感染母猪以及成年猪,造成急性出血性腹泻性猝死。

1. 诊断精要

【病理诊断】　小肠特别是空肠黏膜红肿,有出血性或坏死性炎症;肠腔充满血样液体,肠内容物呈红褐色并混杂小气泡,肠壁黏膜下层、肌肉层及肠系膜有灰色成串的小气泡;肠系膜淋巴结肿大或出血,呈鲜红色,肠管全部呈出血性病变。有时肠黏膜呈黄色或灰色,表面附有假膜,肠壁粘着大量坏死组织碎片,肠绒毛脱落,有些病例的空肠有约 40 厘米长的臌气段,肠系膜淋巴结呈出血性病变。亚急性病例的肠壁变厚,容易碎,坏死性假膜更为广泛。慢性病例,在肠黏膜可见一处或多处的坏死带。

【临床诊断】　主要发生于 3 日龄以内的新生仔猪。排浅红色或红褐色稀粪,或混合坏死组织碎片。发病急剧,病程短促,死亡率极高。

【实验室诊断】 采集小肠内容物或黏膜,抹片、染色、镜检,当见革兰氏阳性大杆菌时可作出初步诊断,再进一步分离培养鉴定,最后确诊。

【发病特点】 主要发生于 1～3 日龄的初生仔猪,1 周龄以上很少发病。产仔季节中一旦发生本病,常不断发生,仔猪感染后病程短,致死率高,尤其卫生条件不良的猪场发病较多见。

2. 防治精要

加强猪舍与环境的清洁卫生和消毒工作,产房和分娩母猪的乳房应于临产时彻底消毒。可在母猪分娩前半个月和 1 个月,各肌内注射仔猪红痢氢氧化铝菌苗 1 次,剂量 5～10 毫升,可使仔猪通过哺乳获得被动免疫。仔猪出生后,在未吃初乳前及以后的 3 天内,口服阿莫西林或庆大霉素,有防治仔猪红痢的效果。

本病发病急、病程短,往往来不及治疗。在常发病猪场,可在仔猪出生后,用抗生素如阿莫西林、土霉素进行口服预防。病仔猪用青霉素口服治疗有一定效果。如病程稍长,可使用头孢类药物、青霉素、阿莫西林等药物治疗,结合使用止血药、维生素 B_6 和抗炎、抗毒素药、地塞米松治疗。

八、猪 痢 疾

猪痢疾又叫猪血痢,是由猪痢疾密螺旋体引起的一种严重的肠道传染病,一般发病率 75%,病死率 5%～25%,康复猪生长受阻,耗料增加,损失较大。主要临床症状为严重的黏液性出血性腹泻,急性型以出血性腹泻为主,亚急性型和慢性型以黏液性腹泻为主。剖检病理特征为大肠黏膜发生卡他性、出血性及坏死性炎症,有的发展为纤维素坏死性炎症。

1. 诊断精要

【病理诊断】 主要病变局限于大肠(结肠、盲肠)。急性型为大肠黏液性和出血性炎症,黏膜肿胀、充血和出血,并覆盖着黏液和带血块的纤维素。大肠内容物软至稀薄,并混有黏液、血液和组织碎片。肠腔充满黏液和血液;病程稍长的病例,主要为坏死性大肠炎,黏膜上有点状、片状或弥漫性坏死,坏死常限于黏膜表面,形成假膜;有时黏膜上只有散在成片的薄而密集的纤维素。剥去假膜露出浅表糜烂面,肠内混有大量黏液和坏死组织碎片。其他脏器常无明显变化。

【临床诊断】　最常见的症状是出现程度不同的腹泻。一般是先排软粪,渐变为黄色稀粪,内混黏液或带血。病情严重时粪便呈红色糊状,内有大量黏液、出血块及脓性分泌物。有的排灰色、褐色甚至绿色糊状粪,有时带有很多小气泡,并混有黏液及纤维假膜。病猪精神不振、厌食及喜饮水、拱背、脱水、腹部蜷缩、行走摇摆、用后肢踢腹,被毛粗乱无光泽,迅速消瘦,后期排粪失禁。肛门周围及尾根被粪便沾污,起立无力,极度衰弱死亡。大部分病猪体温正常。慢性病例症状轻,粪中含较多黏液和坏死组织碎片,病期较长,进行性消瘦,生长停滞。

【实验室诊断】

(1)病原学诊断　取病猪新鲜粪便或大肠黏膜涂片,用姬姆萨、草酸铵结晶紫或复红染色,暗视野镜检,高倍镜下每个视野见 3 个以上具有 3～4 个弯曲的较大螺旋体,即可怀疑此病。分离培养需在厌氧条件下进行。

(2)血清学诊断　有凝集试验、免疫荧光试验、间接血凝抑制试验、酶联免疫吸附试验等,以凝集试验和酶联免疫吸附试验较好,可作为综合判断的一项指标。

【发病特点】　各种年龄、品种的猪都可感染,但主要侵害的是 7～12 周龄的仔猪;小猪的发病率和死亡率均比大猪高。病猪及带菌猪是主要的传染源,康复猪带菌可长达数月,从粪便中排出大量菌体,污染周围环境、饲料、饮水,经消化道传播,健康猪吃下污染的饲料、饮水而感染。本病的发生无明显季节性,由于带菌猪的存在,经常通过猪群调动和买卖传播。带菌猪在正常的饲养管理条件下常不发病,当有降低猪体抵抗力的不利因素、饲料不足、缺乏维生素和出现应激因素时,可促进发病。

2. 防治精要

禁止从疫区引进种猪,必须引进种猪时,要严格隔离观察 1 个月检疫合格方能混群。加强饲养管理,保持舍内干燥,粪便及时进行无害化处理,饲喂器具应定期消毒。一旦发现本病,最好全群淘汰,对猪场彻底清扫和消毒,并空圈 2～3 个月,经严格检疫后再引进新猪。

病猪及时进行药物治疗常有一定效果,痢菌净为本病特效药,肌内注射或者饮水、口服皆可。二甲硝基咪唑、硫酸新霉素、林可霉素、四环素族抗生素等多种抗菌药物都有一定疗效。对严重腹泻的仔猪应用自配口服补液盐作饮水;同时,腹腔注射 5% 糖盐水和维生素 C 共 20～30 毫升,每天 2～4 次;中猪能腹腔注射的用糖盐水 50～100 毫升/次,连注 2～4 次,可提高疗效,减少损失。对于未发病猪群,可在饲料中添加泰乐菌素、林可霉素或痢菌净等预防。该病易复发,须坚持疗程和改善饲养管理相结合,方能收到好的效果。

坚持药物、管理和卫生相结合的净化措施,可收到较好的净化效果。

九、猪球虫病

猪球虫病是由艾美耳属球虫、等孢属球虫寄生于猪肠上皮细胞引起的一种原虫病,以黏膜出血和腹泻为特征。本病主要发生于小猪,且多发于 7～14 日龄的仔猪,是哺乳仔猪腹泻的重要病原,引起仔猪腹泻和增重降低。成年猪常为隐性感染或带虫者。

1. 诊断精要

【病理诊断】 特征性病变位于小肠,以卡他性肠炎或轻度出血性肠炎为特点。肠黏膜面上被覆大量黏液,黏膜水肿、充血和白细胞浸润,肠黏膜显著增厚,常发生点状出血,尤其是空肠后部及回肠黏膜的皱褶部。肠内含有混杂黏液和少量的稀粥样物。此外,肠黏膜上常覆有厚层假膜。此时,粪便内常常混有纤维素碎片。

【临床诊断】 本病以水样或脂样腹泻为特征,排泄物从淡黄色到白色,恶臭。开始时粪便松软或呈糊状,随着病情加重粪便呈液状。有时见血便,几天后血便消失,出现黏液性粪便。仔猪后躯粘满液状粪便。病猪表现衰弱,脱水,消瘦,增重缓慢,严重者死亡。本病发病率通常很高,死亡率一般较低。

【实验室诊断】 采用饱和食盐漂浮法检查仔猪粪便中的卵囊可确诊。

【发病特点】 本病只见于仔猪,多发生于 7～14 日龄,但是断奶仔猪也会发生,成年猪为带虫者。由于球虫卵囊发育需要适宜的温度和湿度,因此本病多发于夏季和秋季。

【鉴别诊断】 本病应注意与其他引起仔猪腹泻的病原,如大肠杆菌、传染性胃肠炎病毒、轮状病毒、C 型产气荚膜梭菌、蓝氏类圆线虫相区别。

2. 防治精要

搞好环境卫生是迄今减少新生仔猪球虫病损失的最好方法。要将产房彻底清除干净，用 50% 以上的漂白粉或氨水复合物消毒数小时以上或熏蒸；尽量减少人员进入产房，以免由鞋子或衣服携带卵囊在产房中传播；要防止宠物进入产房，以免其带入卵囊。

治疗可选择以下药物：①磺胺类药物，如磺胺二甲嘧啶、磺胺间甲氧嘧啶、磺胺间二甲氧嘧啶等，连用 7～10 天。磺胺二甲嘧啶疗法，按每千克体重 0.1 克剂量（初次剂量为 0.2 克），混入少量饲料喂服，每天 2 次，连用 3 天，停药 4 天，再喂服 1～2 个疗程。磺胺六甲氧嘧啶疗法，按 400～600 毫克/千克混入饲料，对防治球虫有良好效果。②氨丙啉或者复方氨丙啉，每千克体重 20 毫克，口服。③均三嗪类，如杀球灵、百球清，3～6 周龄仔猪口服，每千克体重 20～30 毫克，效果很好。④莫能霉素，每千克饲料添加 60～100 克；或拉沙霉素，每千克饲料添加 150 毫克，连喂 4 周。

十、猪蛔虫病

猪蛔虫病是猪蛔虫寄生于猪小肠而引起的寄生虫病，流行较广，严重地危害 3～6 月龄猪，不仅影响其生长发育，重者还可引起死亡。

1. 诊断精要

【病理诊断】 幼虫移行至肝脏时引起肝组织出血、变性和坏死，形成云雾状的蛔虫斑（或称乳斑）。移行至肺时，引起蛔虫性肺炎，肺组织致密，表面有大量出血斑点。肝、肺和支气管等处可发现大量幼虫（用幼虫分离法处理后）。成虫少量寄生时没有可见病变，寄生多时可见有卡他性炎症、出血或溃疡。肠破裂时，可见腹膜炎和腹腔内出血。因胆道蛔虫症而死亡的病猪，可发现蛔虫钻入胆道，使胆管阻塞。病程较长的，有化脓性胆管炎或胆管破裂，胆汁外流，胆囊内胆汁减少，肝脏黄染和变硬等病变。

【临床诊断】 临床表现为咳嗽、呼吸增快、体温升高、食欲减退和精神沉郁。病猪伏卧在地，不愿走动。幼虫移行时还可导致荨麻疹和某些神经症状之类的反应。成虫寄生在小肠时可机械性地刺激肠黏膜,引起腹痛。蛔虫数量多时常聚集成团,堵塞肠道,严重时因肠破裂而致死。有时蛔虫可进入胆管,造成胆管堵塞,导致出现黄疸、贫血等症状。

【实验室诊断】 可采用粪便漂浮法检查虫卵以确诊。

【发病特点】 寄生在猪小肠中的雌虫产卵,随粪便排出,发育成含有感染性幼虫的卵。感染性虫卵对外界环境具有很强的抵抗力,随同饲料或饮水被猪吞食后,在小肠中孵出幼虫,并进入肠壁的血管,随血流被带到肝脏,再继续经心脏而移行至肺脏。幼虫由肺毛细血管进入肺泡,此后再沿呼吸道上行,后随黏液进入会厌部,经食管而至小肠。从感染开始到在小肠发育为成虫,共需 40～75 天。

2. 防治精要

保持猪舍和运动场清洁。猪舍应通风良好,阳光充足,避免阴暗、潮湿和拥挤。圈舍和运动场要勤打扫、勤冲洗、勤换垫草,定期消毒。场内地面保持平整,周围须有排水沟,以防积水。猪粪和垫草清除出圈后,要运到距猪舍较远的场所堆积发酵,或挖坑沤肥,以杀灭虫卵。仔猪断奶后尽可能饲养在没有蛔虫卵污染的圈舍或牧场。

严格控制引入病猪。在已控制或消灭猪蛔虫病的猪场,引入猪只时,应先隔离饲养,进行粪便检查,发现带虫猪时,须进行 1～2 次驱虫后再与本场猪并群饲养。

定期按计划驱虫。妊娠母猪,产仔前 15 天驱虫 1 次;断奶仔猪,断奶后 15 天驱虫 1 次;其他猪群,每 2 个月驱虫 1 次。常用左咪唑、甲苯咪唑、氟苯咪唑、丙硫苯咪唑、伊维菌素、多拉菌素等药物,口服或肌内注射。

第七章　其他猪病

一、猪细小病毒病

猪细小病毒病又称猪繁殖障碍病,是由猪细小病毒引起的一种猪的繁殖障碍病。以妊娠母猪发生流产、死产、产木乃伊胎为特征。

1. 诊断精要

【病理诊断】　妊娠初期感染可见胎儿死亡、木乃伊胎、流产,子宫内膜有轻微炎症,胎盘部分钙化,胎儿充血、水肿、脱水、坏死等病变。肝、脾、肾有时肿大、脆弱或萎缩、发暗。

【临床诊断】　母猪主要表现母源性繁殖失能,发情不正常,久配不孕,或重新发情而不分娩。不同妊娠期感染症状表现不同,在妊娠 30～50 天感染时,主要是产木乃伊胎;妊娠 50～60 天感染,多出现死胎;妊娠 70 天以上,则多能正常产仔,无其他明显症状。本病还可引起产仔瘦小、弱胎。弱仔出生后半小时在耳尖、颈胸、腹下、四肢内侧出现淤血、出血斑,短时间内皮肤全部变为紫色而死亡。

【实验室诊断】　病毒的分离及血清学检验有利于本病的确诊。初发病的猪场应采流产、死产或木乃伊胎儿心血或体腔积液送检,以分离病毒,荧光抗体检查及血凝抑制试验也是常用的诊断方法。

【发病特点】　不同年龄、性别的家猪和野猪都可感染。常见于初产母猪,呈地方性流行或散发,多发生在每年 4～10 月份或母猪交配和产仔时,一旦发生能持续多年,可能连续几年不断出现母猪繁殖失败。妊娠母猪早期感染时,其胚胎、胎猪死亡率可高达 80%～100%。病毒由口、鼻、肛门及公猪精液中排出,被污染的器具、饲料均可成为传播媒介。妊娠母猪可通过胎盘感染而导致死胎,也可引起毒血症。

2. 防治精要

控制带毒猪进入猪场,应自无病猪场引进种猪。欲从本病阳性猪场引进种猪,应先将种猪隔离 14 天,进行 2 次血凝抑制试验,当血凝抑制滴度在 1∶256 以下或呈阴性时,才可以引进。后备母猪在配种前 30 天,肌内注射猪细小病毒灭活疫苗 2 毫升,7天后再注射 2 毫升,15 天后方可配种。猪场一旦发生本病,应立即将发病的母猪或仔猪隔离或淘汰;所有病猪接触的环境、用具均应严格消毒;应运用血清血方法对全群猪进行检查,检出的阳性猪要坚决淘汰,以防疫情进一步扩散;与此同时,对猪群进行紧急疫苗接种。

本病目前尚无特效药,只能采取对症治疗。流产后若发生产道感染,可肌内注射青霉素 160 万~240 万单位、链霉素 100 万单位,每天 2 次,连用 3 天。

二、猪布鲁氏菌病

猪布鲁氏菌病又称传染性流产,是由猪布鲁氏菌引起的一种慢性接触性人兽共患传染病,临床上以母猪流产和不孕、公猪发生睾丸炎为特征。

1. 诊断精要

【病理诊断】 常见母猪的子宫黏膜有灰黄色、粟粒状脓肿。淋巴结肿胀、变性变硬。流产胎儿和胎衣病变不明显,偶尔可见胎衣充血、水肿及斑状出血,少数胎儿的皮下有出血性液体,腹腔液增多;有自溶性变化。公猪表现睾丸及附睾肿大,切开可见豌豆大小的化脓和坏死灶,甚至有钙化灶。出现关节炎的病猪,可见关节和滑液腔内有浆液和纤维素,病重者可见化脓和坏死。

【临床诊断】 病猪流产发生在妊娠后 2~3 个月,流产前腹泻,乳房及阴唇肿大,阴道有分泌物流出,食欲不佳,精神沉郁,流产后胎衣难下或胎衣不下,发生子宫炎,引起不孕,轻者虽产出胎儿且体虚,多数在数天内死亡;流产后母猪一般可很快恢复健康,但受胎率低,常引起化脓及坏死性关节炎,出现跛行。公猪病期长的会引起睾丸萎缩,性欲减退。病猪有时可见关节炎、跛行或出现后躯麻痹,在皮下各处形成脓肿,呈消耗性慢性疾病。

【实验室诊断】 可用布鲁氏菌虎红平板凝集法或其他凝集试验。现场检疫可用变态反应检查。

【发病特点】 不同品种、年龄的猪均有易感性。发病无明显的季节性。妊娠母猪最易感染本病,哺乳仔猪和小猪不出现临床症状。病原菌随母猪的阴道分泌物和公猪的精液排出,污染环境、饲料和饮水,经消化道感染,也可通过配种、皮肤和黏膜的小创口而感染本病。

2. 防治精要

该病目前尚无特效治疗药物,一般采用定期抽血检疫,淘汰病猪,结合有计划的菌苗接种,可以控制本病,培养健康猪群。坚持自繁自养,引进种猪时要严格隔离 1～3 个月,经检疫确认为阴性后,才可投入生产群使用。加强消毒工作,保持猪舍卫生清洁,对流产母猪经血清学检验为阳性者应及时扑杀,并做无害化处理。流产的胎儿、胎衣、羊水以及阴道分泌物做消毒处理后再废弃,已污染的环境要进行认真彻底消毒。

早期应用金霉素、土霉素或磺胺嘧啶治疗,同时应用维生素 C 和维生素 B,其效果更好,也可以成年母猪每次肌内注射 3 毫升黄体酮或安胎针剂。

三、猪衣原体病

猪衣原体病是由鹦鹉热衣原体感染猪群引起不同症候群的接触性传染病。临床上表现妊娠母猪发生流产、死胎、木乃伊胎,产弱仔;各年龄段猪发生肺炎、肠炎、多发性关节炎、心包炎、结膜炎、脑炎、脑脊髓炎;公猪还可发生睾丸炎和尿道炎。

1. 诊断精要

【病理诊断】 流产母猪的子宫内膜水肿、充血,分布有大小不一的坏死灶或斑;流产胎儿身体水肿,下颌淋巴结肿胀,头颈和四肢充血,肝充血、出血和肿大。患病种公猪睾丸变硬,有的腹股沟淋巴结肿大。输精管出血,阴茎水肿、出血或坏死。

【临床诊断】 大多数为隐性感染。少数猪感染后,经过潜伏期可出现体温升高(39～41℃),食欲不振。仔猪有肺炎症状。有些猪有多发性关节炎、肠炎(腹泻)、结膜炎症状。妊娠母猪可出现流产、死胎及弱胎。公猪出现睾丸炎和尿道炎,有的表现为慢性肺炎。

【实验室诊断】 肝、脾、肺涂片染色,镜检,可见到稀疏的衣原体,膀胱和胎盘涂片有时可见到大量衣原体及包涵体。血清学试验有补体结合反应、血凝抑制试验、补体结合酶联免疫吸附试验(CF-ELISA)、琼脂凝胶沉淀试验等。

【发病特点】 几乎所有的鸟类都能携带该菌,尤其是鸽和野鸽,哺乳动物如绵羊、牛和啮齿类动物也可感染,这些都可以成为猪的感染源。本病可以通过呼吸道、消化道、生殖道感染。有人认为蝇、蜱也可传播此病。本病的季节性不明显。所有年龄的猪均可感染。

2. 防治精要

引进种猪时必须严格检疫,不合格的种猪场应限制及禁止输出种猪。避免健康猪与病猪及其他易感染的动物接触。同时,隔离病猪,分开饲养。清除流产死胎、胎盘及其他病料,深埋或火化。对猪舍和产房用石炭酸、甲醛喷雾消毒,消灭病原。可用猪衣原体灭活苗,对预防种猪和仔猪衣原体病效果显著。

四环素为首选治疗药物,也可用金霉素、红霉素、螺旋霉素等。公母猪配种前1～2周及产前2～3周随饲料给予四环素类制剂,按0.02%～0.04%的比例混于饲料中,连用1～2周。也可注射缓释型制剂,可提高受胎率,增加活仔数及降低新生仔猪的病死率。

四、猪水疱病

猪水疱病是由猪水疱病病毒引起的一种急性传染病,流行性强,发病率高,以蹄部、口部、鼻端和腹部、乳头周围皮肤和黏膜发生水疱为特征。在症状上与口蹄疫极为相似,但牛、羊等家畜不感染发病。

1. 诊断精要

【病理诊断】 除局部淋巴结出血和心内膜偶有条纹状出血外,其他内脏器官无明显病变。组织学变化为非化脓性脑膜炎和脑脊髓炎病变,大脑中部病变较背部严重。脑灰质和白质可见软化病灶。

【临床诊断】　病猪体温可升高至 40～42℃，蹄冠、蹄叉或副蹄出现水疱和溃烂，跛行，喜卧；严重者蹄壳脱落；有的病猪鼻端、口腔黏膜出现水疱和溃烂；有的患病哺乳母猪乳房周围也可出现水疱。有些轻症病例，只在蹄部发生 1～2 个水疱，全身症状轻微，很快恢复。但初生仔猪可造成死亡。

【实验室诊断】　如小鼠接种试验、病毒分离、补体结合试验、免疫荧光试验等进行鉴别。

【发病特点】　各种年龄、品种的猪均可感染发病，人也有一定的易感性。一年四季均可发生。在猪群高度集中、调运频繁的地方发病率很高，但病死率很低。病猪和带毒猪为传染源，通过受伤的皮肤、消化道感染发病。

【鉴别诊断】　本病应注意与口蹄疫、水疱性口炎、猪水疱疹相鉴别。

2. 防治精要

加强对猪只高度集中或调运频繁的单位和地区的消毒与检疫，在疫区和受威胁区，可采用猪水疱病高免血清和康复血清对猪群进行被动免疫，病猪及屠宰猪肉、副产品应严格实行无害化处理。被病毒污染的饲料、垫草、运动场和用具严格消毒。做好饲养、管理人员的防护工作。禁用未经煮沸的泔水喂猪。

疫苗免疫：猪水疱肾传细胞弱毒苗，对大小猪均在股部深部肌内注射 2 毫升，3～5天可产生坚强免疫力，免疫期暂为 6 个月。猪水疱细胞毒结晶紫疫苗，对健康的断奶猪、育肥猪均可肌内注射 2 毫升，免疫期为 9 个月。

局部治疗可参考口蹄疫的处理方法。病情严重者应配合输液疗法、营养疗法，加速病程恢复。

五、猪 痘 病

猪痘病是由痘病毒引起的一种急性、热性、接触性传染病。临床特征为皮肤和黏膜上发生痘疹。

1. 诊断精要

【病理诊断】　病变主要发生于鼻镜、鼻孔、唇、齿龈、腹下、腹侧、四肢内侧、乳房等处,也可发生在背部皮肤,死亡猪的咽、口腔、胃和气管常发生痘疹,痘疹开始为深红色的硬结节,突出于皮肤表面,略呈半球状,表面平整,见不到形成水疱即转为脓疱,并很快结成棕黄色痂块,脱落后遗留白色斑块而痊愈。极少数病猪在口鼻、咽、气管、皮肤和黏膜上发生痘疹,破溃后糜烂、溃疡,并常有腹泻。此型病猪大多死亡。当忽视饲养管理时,本病常可继发胃肠炎、肺炎,引起败血症死亡。

【临床诊断】 潜伏期:猪痘感染的为3～6天,痘苗病毒感染仅2～3天。病猪体温升高,精神不振,食欲不减退,鼻、眼有分泌物。痘疹主要发生于躯干的下腹部、四肢内侧、鼻镜、眼皮、耳部等无毛和少毛部位。痘疹开始为深红色的硬结节,突出于皮肤表面,略呈半球状,表面平整,见不到水疱期即转为脓疱,并很快结成棕黄色痂块,脱落后变成白色斑块而痊愈,病程10～15天。另外,在口、咽、气管、支气管等处若发生痘疹时,常引起败血症而最终引起死亡。

本病多为良性经过,病死率不高,所以易被忽视,以致影响猪的生长发育,但在饲养管理不善或继发感染时,常使病死率增高,尤其是幼龄猪。

【实验室诊断】 鉴别猪痘是由何种病毒引起,可用家兔做接种试验,痘苗病毒可在接种部位引起痘疹;而猪痘病毒不感染家兔。必要时可进行病毒的分离与鉴定。

【发病特点】 本病常呈地方流行性,主要通过猪血虱、蚊、蝇等传播,也可经创伤的皮肤、呼吸道、消化道而感染。卫生条件差及寒冷季节时,本病更易发生。4～6周龄仔猪及断奶仔猪易感,成年猪抵抗力较强。

2. 防治精要

目前本病尚无疫苗可用于免疫,采用常规治疗方法配合定期预防消毒,应用百毒杀、菌毒灭等药品喷洒消毒猪体、圈舍。加强猪群饲养管理,搞好卫生,消灭猪血虱和蚊、蝇等。对病猪污染的环境及用具要彻底消毒,垫草焚毁。

发现病猪要及时隔离治疗,可用康复猪血清进行治疗,注射黄芪多糖等抗病毒药物,用清热解毒的中药如板蓝根、黄芩、黄檗等拌料饲喂。同时用抗菌药如环丙沙星、氟苯尼考等肌内注射,以防止继发感染。局部可涂擦碘酊、甲紫溶液、红霉素软膏等,一般经5～7天结痂、脱落后康复。治疗的同时配合猪体、圈舍消毒。

六、猪 丹 毒

猪丹毒俗称"打火印",是由猪丹毒杆菌引起的一种急性、热性传染病。急性型呈败血症经过，亚急性型在皮肤上出现特异性紫红色疹块，慢性型常发生心内膜炎和关节炎。该病是严重危害养猪业的重要传染病之一，与猪瘟、猪肺疫曾被并列为猪的三大传染病。

1. 诊断精要

【病理诊断】 急性死亡病猪呈败血症变化。可见皮肤上有较大片的弥漫性充血。胃底、幽门部黏膜及肠道发生弥漫性出血。脾肿大，呈典型的败血脾。肾淤血、肿大，呈"大红肾"之状。

慢性型心脏可见到疣状心内膜炎病变，二尖瓣和主动脉瓣出现菜花样增生物。关节肿胀，有浆液性、纤维素性渗出物蓄积。

【临床诊断】

(1)急性型(败血型) 突然发病，病猪目光呆滞，离群卧伏，结膜充血。敏感，轻微刺激即引起强烈反应。皮肤发紫，体温升高达42℃以上，病程2～3天，随即死亡。致死率可达90%～100%。

(2)亚急性型(疹块型) 病猪出现典型猪丹毒症状。在胸、背、四肢和颈部皮肤出现大小不一、形状不同的疹块，凸出于皮肤，呈红色或紫红色，中间苍白，用手指压后褪色。病程1周左右，若能及时治疗，预后良好。

(3)慢性型 常发生在老疫区或由前2种类型转化而来。出现慢性心内膜炎，消瘦，贫血，喜卧，关节炎，关节肿大，行动僵硬，行走不稳，呈现跛行。心跳快，常因心肌麻痹而突然死亡。

【实验室诊断】 采取病猪耳静脉血或疹块边缘血或病死猪的脏器制片、革兰氏染色、镜检，如发现革兰氏阳性、较细长单在、成对或成丛的杆菌，可初步确诊。慢性心内膜炎病例，可用心脏瓣膜增生物涂片，镜检可见单在或成丛的长丝状菌体。

2. 防治精要

定期疫苗接种。目前，市售产品有猪丹毒活疫苗及猪丹毒、猪瘟和猪肺疫三联苗

2 种,可根据具体情况选用。加强饲养管理,平时搞好猪舍和周围环境的卫生工作,定期消毒,尤其是产房,临产前母猪乳头应彻底清洗和消毒,可以减少本病的发生与传播初生仔猪。发现本病应立即隔离治疗,注意环境和粪便的消毒。对于病猪的尸体应做焚烧、深埋或其他无害化处理,杜绝散播。同时,加强公共卫生安全,注意兽医工作人员、屠宰加工人员的防护及消毒,以防传染。

病猪首次使用大剂量青霉素耳静脉注射,同时肌内注射常规剂量的水剂或油剂青霉素,如有好转用常规剂量肌内注射,不能停药过早,否则容易复发或转慢性。同群猪用青霉素常规剂量肌内注射,每天 2 次,连续 3～4 天。

病死猪:深埋或化制。此外,其他抗生素及喹诺酮类、磺胺类药物均有效。用抗猪丹毒高免血清,皮下或静脉注射,有紧急预防和治疗效果。

七、猪囊尾蚴病

本病是猪囊尾蚴寄生于猪的肌肉和其他器官中引起的一种寄生虫病,俗称囊虫病,是一种严重的人兽共患寄生虫病。

1. 诊断精要

【病理诊断】 在肌肉特别是心肌、舌肌、四肢及颈部肌肉中发现半透明囊泡,俗称"米肉"。

【临床诊断】 成年猪感染猪囊虫病,如虫量较少,侵害轻微,而猪抵抗力又较强时,常不表现明显症状。感染严重的猪,临床表现营养不良,生长受阻,消瘦、贫血和水肿,前肢僵硬,叫声嘶哑,短时干咳,呼吸急促。小猪常吃食正常,但生长缓慢。有的眼底或舌下有突起结节,有的两肩明显外张,臀部不正常,呈肥胖宽阔的狮体形状,个别猪逐渐瘦弱、衰竭、死亡。如虫体寄生在脑部,可引起神经症状,严重者可导致死亡。若寄生在眼部,会引起视力障碍,严重者可失明;若寄生于眼睑或舌部表面,寄生处呈现豆状肿胀。

【实验室诊断】 生前检查眼睑和舌部,查看有无因猪囊尾蚴引起的豆状肿胀。触摸到舌部有稍硬的豆状结节时,可作为生前诊断的依据。一般只有在宰后检验时才能确诊。宰后检验咬肌、腰肌、心肌、骨骼肌,看是否有乳白色椭圆形或圆形猪囊虫。

2. 防治精要

定期驱虫,仔猪断奶后驱虫 1 次,以后每隔 1～2 个月驱虫 1 次;种公猪每年驱虫 1 次;母猪在妊娠期内不宜驱虫,以免损伤胎儿。搞好粪便的管理与处理,做到人有茅厕、猪有圈,改变"连茅圈"养猪和利用人、鸡的未腐熟粪便喂猪的不良习惯。病人、病猪排出的粪便应挖深坑或泥封进行生物热处理,以杀死幼虫、虫卵,切断传染源,防止污染。生肉、熟肉、蔬菜分放,切勿混淆;切肉的砧板、刀具也应生熟有别或经彻底洗刷、消毒后再用,以防污染。

猪感染囊虫病后,可用丙硫苯咪唑或吡喹酮等药物,按每千克体重 50～65 毫克,肌内注射治疗。

八、猪旋毛虫病

旋毛虫病是由旋毛形线虫成虫寄生于肠管、幼虫寄生于横纹肌而引起的一种寄生虫病。本病是猪、犬、猫、狐狸、鼠类和人都可感染的一种重要的人兽共患寄生虫病,因对人类危害严重,故肉品卫生检疫中将旋毛虫列为首要项目。

1. 诊断精要

【病理诊断】　肌肉旋毛虫常寄生的部位为膈肌、舌肌、喉肌、肋间肌和胸肌等,剖检有时在这些肌间可见灰色细小结节。

【临床诊断】　旋毛虫对猪的致病力轻微,几乎无任何可见的症状,但对人危害较大,不但影响健康,还可造成死亡。当感染虫体数量大时,感染后 3～7 日,病猪有食欲减退、呕吐和腹泻症状。感染后 2 周幼虫进入肌肉引起肌炎,可见疼痛或麻痹、运动障碍、声音嘶哑、咀嚼与吞咽障碍、体温上升和消瘦。有时眼睑和四肢水肿。死亡较少,多于 4～6 周康复。

【实验室诊断】　采取易寄生部位的小块肌肉,剪成麦粒样大小,用玻片压薄后,放在低倍显微镜下进行幼虫体检查,以确定病原。

2. 防治精要

严格执行肉品卫生检验制度,病猪肉应经高温处理或焚烧、深埋。扑杀饲养场周围的老鼠,病鼠尸体应加以焚烧或深埋。

对病猪可使用丙硫咪唑按 10 毫克/千克体重,一次口服;或噻苯咪唑 50 毫克/千克体重,口服,连用 5～10 天;或氟苯咪唑 125 克/千克的浓度拌料,连喂 10 天。

九、猪疥螨病

猪疥螨病是由猪疥螨引起的一种接触性传染的慢性皮肤病,也称疥癣或疥疮,俗称癞。以剧痒为临床特征。

1. 诊断精要

【病理诊断】 皮肤过度角质化和结缔组织增生,可见猪皮肤变厚,形成大的皮肤皱褶、龟裂、脱毛,被毛粗糙多屑,常见于成年猪耳郭内侧、颈部周围、四肢下部,尤其是踝关节处形成灰色、松动的厚痂,经常用蹄子搔痒或在墙壁、栅栏上摩擦皮肤,造成脱毛和皮肤损坏开裂、出血。

【实验室诊断】 在患部与健康部交界处采集病料,用手术刀刮取痂皮,直到稍微出血。症状不明显时,可检查耳内侧皮肤刮取物中有无虫体。将刮到的病料装入试管内,加入 10％氢氧化钠(或氢氧化钾)溶液,煮沸,待毛、痂皮等固体物大部分被溶解后,静置 20 分钟,由管底吸取沉渣,滴在载玻片上,用低倍显微镜检查,有时能发现疥螨的幼虫、若虫和虫卵。疥螨幼虫为 3 对肢,若虫为 4 对肢。疥螨卵呈椭圆形,黄色,较大(155 微米×84 微米),卵壳很薄,初产卵未完全发育、后期卵透过卵壳可见到已发育的幼虫,由于患猪常啃咬患部,有时在用水洗沉淀法做粪便检查时,可发现疥螨虫卵。

【鉴别诊断】 猪肤癣病呈典型的圆形或不正圆形的皮损,常发于胸腹部、颈部、内股部等,偶见发于耳朵,无痒觉,精神、食欲无明显改变。猪疥螨病的皮损不规则,首先由头部、眼和耳朵周围开始发病,渐次向背腹、四肢蔓延,甚至染遍全身。由于疥螨虫刺激皮肤神经末梢,致使奇痒,病猪精神、食欲、生长发育都受到很大影响。猪湿疹,皮炎多发于耳根、下腹部、四肢内侧等处,初红肿发炎,后发生扁平丘疹,有的形成水疱或脓疱,形成麸糠样黑痂,奇痒,病猪精神、食欲、生长发育都受到很大影响。

取患猪受害的皮肤、被毛、痂、鳞屑病料镜检:猪肤癣病的病原体为皮肤真菌的大、小(型)分生孢子和菌丝体。猪疥螨的病原体为寄生于皮肤组织的疥螨虫。湿疹、皮炎的病原因素则较为复杂,如生理功能障碍、维生素缺乏、化学药品的刺激和某些中毒性因素都能引起湿疹与皮炎。

2. 防治精要

每年在春夏、秋冬季节交替过程中,对猪场全场进行至少 2 次以上的体内、体外的彻底驱虫工作,每次驱虫时间必须是连续 5～7 天。加强防控与净化相结合,重视杀灭环境中的螨虫。因为螨病是一种具有高度接触传染性的外寄生虫病,患病公猪通过交配传给母猪,患病母猪又将其传给哺乳仔猪,转群后断奶仔猪之间又互相接触传染。如此,形成恶性循环,永无休止。所以,需要加强防控与净化相结合,对全场猪群同时杀虫。在驱虫过程中,往往容易忽视一个非常重要的环节,那就是环境驱虫以及猪使用驱虫药后 7～10 天对环境的杀虫与净化,才能达到彻底杀灭螨虫的效果。原因如下。

①在给猪体内、体表驱虫的过程中,有部分反应敏感的螨虫会快速落到地上,爬到墙壁上、屋面上和猪场外面的杂草上;此外,被病猪搔痒脱落在地上、墙壁上的疥螨虫体、虫卵和受污染的栏、用具、周围环境等也是重要传染源。如果不对这些环境同时进行杀虫,过几天螨虫就又爬回猪体上。

②环境中的疥螨虫和虫卵也是重要的传染源。很多杀螨药能将猪体的寄生虫杀灭,而不能杀灭虫卵或幼虫,原猪体上的虫卵 3～5 天后又孵化成幼虫,成长为具有致病作用的成虫又回到猪体上和环境中,只有此时再对环境进行一次净化,才能达到较好的驱虫效果。

③另外,疥螨病在多数猪场得不到很好控制的主要原因在于对其危害性认识不足。在某种程度上,由于对该病的隐性感染和流行病学缺乏了解,饲养人员又常把过敏性螨病所致瘙痒这一主要症状当作一种正常现象而不以为然,既忽视治疗,又忽视防控和环境净化,所以难以控制本病的发生和流行。

因此必须重视环境中螨虫的杀灭工作!可用 1:300 的杀灭菊酯溶液或 2% 液体敌百虫稀释溶液,彻底消毒猪舍、地面、墙壁、屋面、周围环境、栏舍周围杂草和用具,以彻底消灭散落的虫体。同时注意对粪便和排泄物等采用堆积高温发酵杀灭虫体。

在治疗病猪的同时,应彻底清除粪便,堆积发酵。对墙壁地面食槽、水槽等所有可能接触猪的地方全面消毒,并定期坚持进行,保持猪圈干燥。

一旦确诊猪已经感染疥螨,可以选用以下几种方法对已经发生疥螨的病猪进行治疗处理。

①药浴或喷洒疗法。20%杀灭菊酯(速灭杀丁)乳油 300 倍稀释液,或 2%敌百虫稀释液或双甲脒稀释液,全身药浴或喷雾治疗,务必全身都喷到,连续喷 7～10 天,并喷洒圈舍地面、猪栏及附近地面、墙壁,以消灭散落的虫体。药浴或喷雾治疗后,再在猪耳郭内侧涂擦自配软膏(杀灭菊酯与凡士林按 1∶100 比例配制)。因为药物无杀灭虫卵作用,根据疥螨的生活史,在第一次用药后 7～10 天,用相同的方法进行第二次治疗,以消灭孵化出的螨虫。

②在肥育猪、种公猪和妊娠母猪、妊娠后期 90 天至哺乳结束的母猪饲料中添加伊维菌素,连用 7 天。

③皮下注射杀螨制剂。可以选用 1%伊维菌素注射液,或 1%多拉菌素注射液,每 10 千克体重 0.3 毫升皮下注射。注意事项:妊娠母猪配种后 30～90 天,分娩前 20～25 天皮下注射 1 次,种公猪必须每年至少注射 2 次,或全场每年 2 次全面注射(种公、母猪春秋各 1 次)。后备母猪转入种猪舍或配种前 10～15 天注射 1 次。仔猪断奶后进入肥育舍前注射 1 次。生长肥育猪转栏前注射 1 次。外购的商品猪或种猪,当日注射 1 次,见效快、效果好,但操作有一定难度,可产生注射应激。

④对疥螨和金黄色葡萄球菌综合感染猪按照上述①+②的方法同时治疗外,还要同时配合青霉素类的药物粉剂,与 2%敌百虫水剂混合均匀后,进行全身外表患处的涂抹,每天涂抹 1～2 次,连续使用 5～7 天。

十、常见内科病

(一)便　秘

猪便秘是因胃肠道的蠕动、分泌功能减退,或机械堵塞引起的排粪障碍。临床上多因长期饲喂含纤维过多或干硬的饲料,缺乏青饲料,饮水不足或运动不足及某些疾病的继发病引起。

1. 诊断精要

病猪初期结膜潮红,采食减少,饮欲增加,腹围略增大,呻吟,卧地,拱地,拱槽,烦躁不安,排粪逐渐少,粪干,呈小球形,表面覆盖灰白色黏液。当直肠黏膜破损时,黏液中混有少量鲜血,后期排粪停止,直肠积粪,当发生盲肠便秘时,病猪仍可少量采食。当发生小肠阻塞时,往往继发胃扩张,此时腹围增大,呼吸急促,最后口鼻流出粪水,不久倒地而亡。根据上述临床症状,结合腹壁触诊和直肠检查,最后可作出诊断。

2. 防治精要

改善饲养管理,供给充足的饮水,饲料合理搭配。在此应纠正一个观点:很多猪场为了防止猪便秘而增大饲料中麸皮的比例,个别甚至达到 30%～40%。然而很多时候,猪只发生便秘并非由麸皮不足引起,片面增加麸皮用量反而会降低猪的能量摄取,在夏天这会加大猪只的热应激,严重者还会发生产后不发情的现象。夏季有条件的猪场应多饲喂一些青绿饲料。

治疗可采取以下方法。

灌肠疗法:食用植物油或液状石蜡 500 毫升,芒硝 50～70 克,温水适量灌肠,隔日1 次;肥皂水 200 毫升或液状石蜡 1 000 毫升灌肠,边灌肠边适当按摩肠管(后期禁止按摩肠管)。治疗 7～10 天仍未愈的,根据病猪全身状况采取手术治疗或淘汰。

中药疗法:麻子仁 15 克,芍药 10 克,枳壳 10 克,大黄 15 克,厚朴 10 克,杏仁 10克,沙参 10 克,麦冬 10 克,丹皮 10 克,水煎服,1 剂分 2 次。

西药疗法:内服泻剂,硫酸镁 30～80 克,或液状石蜡 50～100 毫升,服药后数小时皮下注射新斯的明 2～5 毫升,可提高疗效。

针灸疗法:针灸穴位,山根、玉堂、脾俞、后海、百会、后三里;尾尖针法、血针、白针。

(二)应激综合征

应激综合征是猪因遭受多种不良因素刺激引发的非特异性应激反应。该病多发于封闭饲养或运输后待宰的猪,表现为死亡或屠宰后猪肉苍白、柔软和有水分渗出,从而影响肉的品质。该病在国内外发病较多,给养猪业带来巨大的经济损失。

1. 诊断精要

根据应激的性质、程度和持续时间,猪应激综合征的表现形式有以下几种:

(1)猝死性(或突毙)应激综合征　多发生于运输、预防注射、配种、产仔等受到强应激原的刺激时,并无任何临床症状而突然死亡。死后病变不明显。

(2)恶性高热综合征　体温过高,皮肤潮红,有的呈现紫斑,黏膜发绀,全身颤抖,肌肉僵硬,呼吸困难,心搏过速,过速性心律失常,直至死亡。死后出现尸僵,尸体腐败比正常快;内脏呈现充血,心包积液,肺充血、水肿。此类型病征多发于拥挤和炎热的季节,此时死亡更为严重。

(3)急性背肌坏死征　多发生于德瑞斯猪,在遭受应激之后,急性综合征持续2周左右时,病猪背肌肿胀和疼痛,棘突拱起或向侧方弯曲,不愿移动位置。当肿胀和疼痛消退后,病肌萎缩,而脊椎棘突凸出,几个月后可出现某种程度的再生现象。

(4)白猪肉型(即 PSE 猪肉)　病猪最初表现尾部快速的颤抖,全身强拘而伴有肌肉僵硬,皮肤出现形状不规则苍白区和红斑区,然后转为发绀。呼吸困难,甚至张口呼吸,体温升高,虚脱而死。死后很快尸僵,关节不能屈伸。剖检可见某些肌肉苍白、柔软、水分渗出的特点。死后45分钟肌肉温度仍在40℃,pH 值低于6,而正常猪肉 pH 值应高于6。这与死后糖原过度分解和乳酸产生有关,肉 pH 值迅速下降,色素脱失与水的结合力降低所致。此种肉不易保存,烹调加工质量低劣。有的猪肉颜色变得比正常的更加暗红,称为"黑硬干猪肉"(即 DFD 猪肉)。此种情况多见于长途运输而挨饿的猪。

(5)胃溃疡型　猪受应激作用引起胃泌素分泌旺盛,形成自体消化,导致胃黏膜发生糜烂和溃疡。急性病例,外表发育良好,易呕吐,胃内容物带血,粪便呈煤焦油状。有的胃内大出血,体温下降,黏膜和体表皮肤苍白,突然死亡。慢性病例,食欲不振,体弱,行动迟钝,有时腹痛,拱背伏地,排出暗褐色粪便。若胃壁穿孔,继发腹膜炎死亡。有的在屠宰时才发现胃溃疡。

(6)急性肠炎水肿型　临床上常见的仔猪下痢、猪水肿病等,多为大肠杆菌引起,与应激反应有关。因为在应激过程中,机体防卫功能降低,大肠杆菌即成条件致病因素,导致非特异性炎性病理过程。

(7)慢性应激综合征　由于应激原强度不大,持续或间断反复引起的反应轻微,易被忽视。实际在猪体内已经形成不良的累积效应,致使其生产性能降低,防卫功能减弱,容易继发感染各种疾病。其生前的血液生化变化,为血清乳酸升高,pH 值下降,肌酸磷酸激酶活性升高。

2. 防治精要

应加强遗传育种选育繁殖工作,通过氟烷试验或肌酸磷酸激酶活性检测和血型鉴定,逐步淘汰应激易感猪。尽量减少饲养管理等各方面的应激因素对猪产生压迫感而致病。如减少各种噪声,避免过冷或过热、潮湿、拥挤,减少驱赶、抓捕、麻醉等各种刺激。运输时避免拥挤、过热,屠宰前避免驱赶和用电棒刺激猪。在可能发生应激之前,使用镇静剂氯丙嗪、安定等并补充硒和维生素 E,从而降低应激所致的死亡率。

治疗原则为镇静和补充皮质激素。首先转移到非应激环境内,用凉水喷洒皮肤。症状轻微的猪可自行恢复,但皮肤发紫、肌肉僵硬的猪则必须使用镇静剂、皮质激素和抗应激药物。如选用盐酸氯丙嗪作为镇静剂,剂量为 1～2 毫克/千克体重,一次肌内注射;或安定 1～7 毫克/千克体重,一次肌内注射。也可选用维生素 C、亚硒酸钠-维生素 E 合剂、盐酸苯海拉明、水杨酸钠等。使用抗生素以防继发感染,静脉注射 5% 碳酸氢钠溶液防止酸中毒。

十一、常见外科病

（一）肢蹄病

猪肢蹄病是临床上常见的疾病,常因为猪舍地面和运动场地设计的不科学或由遗传因素而引起。

防治:加强选种选育,选择四肢强壮、高矮、粗细适中,站立姿势良好,无肢蹄疫患的公、母猪作种用,淘汰四肢骨骼结构不良的种猪。对关节炎和肢蹄磨伤部位对症治疗。饲料中供给充足的矿物质,保持钙、磷比例平衡。后备公猪的钙、磷比例分别不应低于 0.9% 和 0.7%。维生素 D 缺乏时,除让猪多晒太阳通过阳光紫外线转化、补充部分维生素 D 之外,在饲料中添加 B 族维生素对减少肢蹄病有较好的效果。此外,经常给猪喂些晒干的苜蓿、紫云英、大豆叶粉和添加维生素 D_3,有助于防止维生素 D 缺乏症的发生。

（二）直 肠 脱

本病是指连接肛门的直肠，一部分脱出肛门之外，又叫脱肛。可观察到病猪频频努责，有排粪姿势，直肠脱出物呈圆筒状下垂，初期黏膜颜色鲜红，然后淤血水肿，暗红紫色，表面污秽不洁，甚至出血、糜烂、坏死。病重的猪采食减少，排粪困难。

防治：首先要防止猪舍潮湿，猪腹泻或便秘。对于直肠脱的病猪进行整复：用温热的 0.1%～0.2%高锰酸钾或 10%高渗食盐水或 1%～2%明矾水清洗净脱出的直肠，以针头刺破水肿的黏膜，挤出水肿液，将坏死的黏膜和水肿黏膜剪去，注意不要剪破直肠黏膜的肌层和浆膜。用药液清洗，送回肛门，肛门烟包缝合，或普鲁卡因后海穴注射，或用 95%酒精直肠周围注射，以防再脱出。严重的要进行直肠部分截除术：脱出的肠管已坏死、穿孔的，可手术切除。清洗术部、消毒、麻醉，于肛门处正常肠管上，用消毒的 2 根长封闭针，呈"十"字形穿过固定肠管，在针后 2 厘米处横行切除脱出的肠管，充分止血，于环行的两层肠管断端行全层结节缝合，涂布碘甘油，拔除固定针，将肠管还纳肛门内。可行尾、荐椎硬膜外封闭，以防止努责。术后全身应用抗菌药物。

（三）蜂 窝 织 炎

蜂窝织炎是发生于皮下、肌膜下或肌间等处的疏松结缔组织的急性弥漫性化脓性感染。在规模化养猪场，地面和墙壁消毒不严时，常发此病。原发性蜂窝织炎一般是经小伤口感染，临床上注射时消毒不严，或刺激性强的药物（松节油等）误注或漏注也可以引发该病。继发性蜂窝织炎继发于邻近组织或器官化脓性感染的直接扩散，或通过血液和淋巴转移。

防治：首先对病猪应加强饲养管理，给予清洁饮水和营养丰富、易消化的饲料，同时，病猪久卧时，要防止褥疮。发病初期应控制炎症发展，局部用 0.5%盐酸普鲁卡因青霉素液封闭，同时采用冷敷（1%鱼石脂酒精、90%酒精、醋酸铅明矾液、栀子浸液）。后期应促进炎性产物吸收，采用上述溶液温敷，严重时可采用手术切开，切开后用中性盐类高渗溶液奥立柯夫氏酸性液（处方：3%过氧化氢和 20%氢氧化钠溶液各 1 000 毫升，松节油 10 毫升）浸纱布做引流，以利于组织内渗出液外流。为预防继发感染进行全身抗菌消炎应大剂量应用青霉素、链霉素。

（四）子 宫 脱

子宫脱是指子宫内翻,翻转突垂阴门之外,是母猪产后危险的重症。该病大多发生于产后数小时至 3 天内,常突然发病,子宫的一角或两角的一部分脱出,黏膜呈紫红色,血管易破裂,流出鲜红色血液,可很快发生子宫完全脱出。时间长时,黏膜发生淤血、水肿,容易破裂出血,呈暗红色,易粘有泥土、草末、粪便。病猪出现严重的全身症状,体温升高,脉搏和呼吸增数;若发现过晚,治疗不及时或治疗不当,往往死亡。

防治:发现病猪应及时整复子宫。应立即用消毒湿毛巾或湿纱布将脱出的子宫包好,以防止擦伤和大出血。将病猪半仰半卧保定,后躯抬高,腰椎麻醉,给予镇痛强心剂。用消毒药清洗子宫,用肠线缝合破口后,整复子宫,助手托着子宫角,术者先从近阴门的部分开始,先将阴道送入阴门内,再依次送子宫颈、子宫体和子宫角。为防止再脱出,用内翻缝合法缝合阴门。术后,配合全身疗法、抗生素疗法以及对症疗法。抗生素可选用四环素及磺胺类药物等。

十二、新生仔猪病

（一）新生仔猪溶血病

新生仔猪溶血病是由新生仔猪吃初乳而引起红细胞溶解的一种急性、溶血性疾病。本病是母猪血清和初乳中存在抗仔猪红细胞抗原的特异血型抗体所致的新生仔猪急性血管内溶血,以贫血、血红蛋白尿和黄疸为其临床特征,属 II 型超敏反应性免疫病。致死率可达 100%。

1. 诊断精要

【临床诊断】 最急性病例在新生仔猪吸吮初乳数小时后呈急性贫血而死亡。急性病例在吃初乳后 24～48 小时出现症状,表现为精神委顿,畏寒震颤,后躯摇晃,尖叫,皮肤苍白,结膜黄染,尿液透明,呈棕红色。血液稀薄,不易凝固。血红蛋白降至 3.6～5.5 克,红细胞数降至 3 万～150 万个,大小不均。呼吸、心跳加快,多数病猪于 2～3 天死亡。亚临床病例不表现症状,血检才能发现溶血。病仔猪全身苍白或黄染,皮下组织、肠系膜、肠管黄染,肾包膜下有出血点,膀胱内积聚棕红色尿液。

本病有 3 种病型。

(1)最急性型　在吮吸初乳后 12 小时内突然发病,停止吃奶,精神委顿,畏寒,震颤,急性贫血,很快陷入休克而死亡。

(2)急性型　在吮吸初乳后 24 小时内出现黄疸,眼结膜、口膜和皮肤黄染,48 小时有明显的全身症状,多数在出生后 5 天内死亡。

(3)亚临床型　在吮吸初乳后症状不明显,有贫血表现,血液稀薄,不易凝固,一般不死亡。尿检呈隐血强阳性,表明有血红蛋白尿;血检才能发现溶血。

【发病特点】　新生仔猪出生时正常,吮吸初乳后发病。

2. 防治精要

对所产仔猪曾发生过溶血病的母猪,于产后、仔猪吃奶前,进行母猪初乳抗仔猪红细胞的凝集试验,凡阳性者,禁止仔猪吃初乳,将该母猪所生的仔猪由其他母猪代哺或人工哺乳。同时要人工按时挤掉母乳,3 天后再让仔猪吮吸母乳。配种发生仔猪溶血病的公猪,不再作种用。

发现本病应立即全窝仔猪停止吮吸原母猪的奶,由其他母猪代哺或人工哺乳。可使病情减轻,逐渐痊愈。重病仔猪,可选用地塞米松、氢化可的松等皮质类固醇配合葡萄糖治疗,以抑制免疫反应和抗休克。为防止继发感染,可选用抗生素;为增强造血功能,可选用维生素 B_{12}、铁制剂等治疗。

(二)新生仔猪低糖血症

新生仔猪低糖血症是以血糖含量大幅度减少和出现脑神经功能障碍为特征的一种新生仔猪疾病,本病多发生在 1~4 日龄的仔猪,新生仔猪饥饿 24~48 小时,引起血糖降低而发病。严重时整窝仔猪发病死亡。

1. 诊断精要

【病理诊断】　病死猪消瘦,腹部多皱褶,眼结膜苍白无血色,有脱水症状;胃内无内容物,亦无白色凝乳块,肠系膜血管轻度充血;肝脏黄疸,散在出血点及局部黄白色坏死灶,质地变脆、萎缩,胆囊肿大,充满半透明淡黄色胆汁;肾脏色变,亦有散在的针尖状出血点,切面髓质暗红色,且与皮质界线清楚;脾脏亦有不同程度病变;心脏质地柔软。

【临床诊断】 出生 1～5 天的哺乳仔猪多发,典型特征为衰弱、代谢失调、体温下降、肌肉震颤。患猪病初不吃母乳,肢体无力,久卧不起,对异物刺激感觉迟钝;少数患猪能勉强行走,但步态不稳;有部分呈犬坐姿势,呼吸、心跳加速;可视黏膜苍白、色暗,体温下降至 36℃ 以下,触诊耳部冰凉;病程后期皮肤苍白、脱水,严重贫血。驱赶时其叫声嘶哑,眼球无光泽、下陷、移动缓慢;四肢空刨,肌肉震颤、抽搐,角弓反张;最后出现昏迷、瞳孔散大、重衰竭、窒息而死。

【实验室诊断】 病猪血糖含量显著降低,平均为 26 毫克/100 毫升或更低(正常平均值为 113 毫克/100 毫升)。

【鉴别诊断】 注意和败血症、猪链球菌病的鉴别。鉴别方法为测定病猪血糖。

2. 防治精要

加强对妊娠母猪后期的饲养管理,保证在妊娠期提供足够的营养,使仔猪出生后有充足的乳汁供应。

当发现仔猪患低糖血症时,应尽快补充糖。用 20% 温葡萄糖液,每头仔猪每次腹腔注射 20 毫升,每隔 5～6 小时 1 次,连续 2～3 天,效果良好。也可以口服 20% 葡萄糖液(或白糖水)5～10 毫升,3 小时 1 次,并注意加强护理。

(三)仔猪贫血

仔猪贫血症主要由缺铁引起,是严重危害 2～4 周龄哺乳仔猪的一种微量元素缺乏症。广义上讲,缺铁性贫血是指由于动物体内对铁的需要增加,但摄取不足、丢失过多或吸收不良造成铁缺乏,影响血红蛋白的合成而发生的贫血,又称为小细胞低色素性贫血。集约化饲养、水泥地圈养、不合理的饲养技术等是导致仔猪缺铁性贫血发病率高的诱因。由于该病严重影响仔猪的生长发育,对养猪业可造成一定的影响。

1. 诊断精要

【病理诊断】 肝脏有脂肪变性且肿大,呈淡灰色,有时有出血症。肌肉呈淡红色。心脏及脾脏肿大,肾实质变性,肺水肿,血液稀薄呈水样。心肌松弛,心包液增多,脑膜腔充满清亮、淡黄色液体。

【临床诊断】 仔猪出生 8～9 天出现贫血现象,血红蛋白降低,皮肤及可视黏膜苍白,被毛粗乱,食欲减退,昏睡,呼吸频率加快,吮乳能力下降,轻度腹泻,精神不振,影响生长发育;并对某些传染病大肠杆菌、链球菌感染的抵抗力降低,容易继发仔猪白痢、肺炎或贫血性心脏病而死亡。如能耐过 6～7 周龄便逐渐恢复。部分病猪可能出现喜食泥土、杂物、舔食墙壁等异嗜现象。

2. 防治精要

预防本病应加强妊娠母猪的饲养管理,给予富含蛋白质、矿物质和维生素的饲料。一般饲料中铁的含量较为丰富,应尽早训练仔猪采食。在补饲槽中放置骨粉、食盐、木炭末、红土、鲜草根、铁铜合剂粉末,任其自由采食。在水泥地面的猪舍内长期饲养仔猪时,必须从仔猪出生后3～5天即开始补加铁剂。补铁方法是将铁铜合剂洒在粒料或土盘内,或涂于母猪乳头上,或逐头按量灌服。少数育种用的仔猪,可于出生后3天肌内注射右旋糖酐铁 2 毫升(每毫升含铁 50 毫克),预防效果确实。

治疗可选择以下药物:①右旋糖酐铁注射液,仔猪 3 日龄,2 毫升,肌内注射。②牲血素注射液,仔猪 3 日龄,1 毫升,肌内注射。③铁钴针剂注射液,仔猪 3 日龄,2 毫升,肌内注射。

十三、饲料中毒

(一)棉籽饼中毒

本病是猪因长期或大量采食棉籽饼,引起出血性胃肠炎、全身水肿、血红蛋白尿等特征的中毒病。棉籽壳及棉籽饼主要有毒成分是棉酚。其在体内比较稳定,不易破坏,而且排泄缓慢,有蓄积作用。

1. 诊断精要

【病理诊断】 急性中毒时,胸腔和腹腔内积有淡红色的透明渗出液,胃肠道黏膜充血、出血和水肿,甚至肠壁溃烂。肝充血、肿大,肺充血、水肿,心内、外膜有出血,胆囊肿大。慢性者,病猪消瘦,有慢性胃肠炎、肾炎的病变。

【其他诊断】　病猪体温一般正常,慢性中毒出现消瘦,精神不振,呕吐,黏膜轻度黄染,便秘或腹泻,粪便、尿液带血。腹痛,厌食,呼吸困难,昏迷,嗜睡,麻痹等。结膜充血、发绀、拱背、肌肉震颤、尿频,胃肠蠕动变慢,呼吸急促带鼾声,肺泡音减弱。病重者食欲减少或废绝,肥育猪皮肤干燥、皲裂和发绀,体温正常;仔猪常出现腹泻、脱水和惊厥,死亡率高;妊娠母猪可出现流产、死胎及产畸形仔猪的现象。

根据临床症状、棉酚含量测定以及动物的敏感性,剖检病变可作出初步诊断。确诊需做棉籽饼及血液中游离棉酚含量测定。

2. 防治精要

发现中毒立即停喂棉籽饼、棉籽壳,内服硫酸亚铁、葡萄糖酸钙解毒。用5%碳酸氢钠、0.05%高锰酸钾洗胃或灌肠;内服盐类泻剂。用止血敏、维生素K止血。使用消炎药治疗胃肠炎。静脉注射10%～25%葡萄糖溶液、安钠咖、葡萄糖酸钙。出现肺水肿时,应静脉注射甘露醇或山梨醇。

(二)菜籽饼中毒

猪长期或大量摄入不经适当处理的菜籽饼,可引起中毒或死亡。菜籽饼是一种蛋白质饲料,含有硫葡萄糖苷的分解产物,如异硫氰酸酯、硫氰酸酯、噁唑烷硫酮,可在芥子水解酶作用下,产生异硫氰酸丙烯酯等有害物质。异硫氰酸酯可影响菜籽饼的适口性,浓度高时可强烈刺激黏膜,引起胃肠炎、支气管炎,甚至肺水肿。异硫氰酸酯抑制甲状腺滤泡细胞浓集碘,导致甲状腺肿大缓慢。噁唑烷硫酮抑制甲状腺内过氧化物酶的活性,影响甲状腺中碘的活化、酪氨酸和碘化酪氨酸的偶联,阻碍甲状腺素合成而致甲状腺肿大。

1. 诊断精要

【病理诊断】　胃肠道黏膜充血、肿胀、出血。肾出血。肝肿大、混浊、坏死。肺充血肿胀。胸、腹腔有浆液性、出血性渗出物,肾有出血性炎症,有时膀胱积有血尿。肺气肿。甲状腺肿大。血液暗色,凝固不良。

【临床诊断】　因毒物引起毛细血管扩张,血容量下降和心率减慢,可见心力衰竭或休克。有感光过敏现象,精神不振,呼吸困难,咳嗽。出现胃肠炎症状,如食欲减退、腹痛、腹泻、粪便带血;肾炎,排尿次数增多,有时有血尿;肺气肿和肺水肿。发病后期体温下降,死亡。

根据饲喂菜籽饼的病史、临床有胃肠炎和血尿的症状以及剖检,可初步诊断。实验室内可进行毒物检验。

2. 防治精要

每日饲喂菜籽饼的量最好不超过日粮的 10%,且喂前做适当处理,通过坑埋法、发酵中和法,使毒素减少。

本病无特效解毒药,中毒后立即停喂菜籽饼;用 0.1%～1% 单宁酸或 0.05% 高锰酸钾洗胃。内服淀粉浆、蛋清、牛奶等以保护胃肠黏膜,减少对毒素的吸收。

十四、维生素代谢障碍病

(一)维生素 A 缺乏症

本病是体内维生素 A 或胡萝卜素长期摄入不足或吸收障碍所引起的一种慢性营养缺乏症,以夜盲症、干眼病、角膜角化、生长缓慢、繁殖功能障碍及神经症状为特征,仔猪及育肥猪易发,成猪少发。

1. 诊断精要

病猪呈现明显的神经症状,头颈向一侧歪斜,步态蹒跚,共济失调,不久即倒地并发出尖叫声。目光凝视,瞬膜外露,继发抽搐,角弓反张,四肢呈游泳状。有的表现皮脂溢出,周身表皮分泌褐色渗出物,夜盲症,视神经萎缩,继发性肺炎。育成猪后躯麻痹,步态蹒跚,后躯摇晃,后期不能站立,针刺反应减退或丧失。母猪发情异常、流产、死产,胎儿畸形,如无眼、独眼、小眼、腭裂等。公猪睾丸退化缩小,精液质量差。皮肤角化增厚,骨骼发育不良,眼结膜干燥,视乳头水肿,视网膜变性。

根据饲养管理状况、病史、临床症状、维生素 A 治疗效果,可作出初步诊断。确诊需进行血液、肝脏、维生素 A 和胡萝卜素含量测定及脱落细胞计数、眼底检查。

2. 防治精要

保证饲料中有足够的维生素 A 原或维生素 A，日粮中应有足量的青绿饲料、优质干草、胡萝卜、块根类等富含维生素 A 的饲料。妊娠母猪需在分娩前 40～50 天注射维生素 A 或内服鱼肝油、维生素 A 浓油剂，可有效地预防初生仔猪的维生素 A 缺乏。

给病猪饲喂富含维生素 A 的饲料，添加胡萝卜素，内服鱼肝油，仔猪 5～10 毫升，育成猪 20～50 毫升，每日 1 次，连用数日。也可肌内注射维生素 A，仔猪 2 万～5 万单位，每日 1 次，连用 5 日。

（二）B 族维生素缺乏症

B 族维生素缺乏症是一种猪常见病，主要是因在日粮中长期缺乏青绿饲料，饲料单一或配合不当，都会造成某种 B 族维生素缺乏。

1. 诊断精要

(1) 维生素 B_1（硫胺素）缺乏　病猪食欲减退，严重时可呕吐、腹泻，生长发育缓慢，尿少色黄，喜卧少动，有的跛行，甚至四肢麻痹，严重者目光斜视，转圈，阵发性痉挛，后期腹泻。仔猪表现腹泻、呕吐、生长停滞、心动过速、呼吸迫促、突然死亡。

(2) 维生素 B_2（核黄素）缺乏　病猪厌食，生长缓慢，经常腹泻，被毛粗乱无光，并有大量脂性渗出，惊厥，眼周围有分泌物，共济失调，昏迷，死亡。鬃毛脱落，跛行，不愿行走，眼结膜损伤，眼睑肿胀，卡他性炎症，甚至晶体混浊、失明。妊娠母猪如缺乏维生素 B_2，则仔猪出生后不久死亡。

(3) 维生素 B_3（泛酸）缺乏　用全玉米日粮时易发生该病。典型症状是后腿踏步动作或正步走，高抬腿，鹅步，并常伴有眼、鼻周围痂状皮炎，斑块状秃毛，毛色素减退，呈灰色，严重者可发生皮肤溃疡、神经变性，并发生惊厥。渗出性鼻黏膜炎发展到支气管肺炎，肝脂肪变性，腹泻，有时肠道有溃疡、结肠炎，并伴有神经鞘变性。肾上腺有出血性坏死，并伴有虚脱或脱水，低色素性贫血，可能与琥珀酰辅酶 A 合成受阻、不能合成血红素有关。有时母猪会出现胎儿吸收、畸形、不育。

(4) 维生素 PP（烟酸）缺乏　病猪食欲下降，严重腹泻；皮屑增多性炎症，呈污秽黄色；后肢瘫痪；胃、十二指肠出血，大肠溃疡，与沙门氏菌性肠炎类似；回肠、结肠局部坏死,黏膜变性。用抗烟酰胺药物导致的烟酸缺乏症,还会出现平衡失调,四肢麻痹,脊髓的脊突、腰段腹角扩大,灰质损伤、软化,尤其是灰质间呈明显损伤。

(5)维生素 B$_6$(吡哆醇)缺乏　病猪呈周期性癫痫样惊厥,小细胞性贫血,泛发性含铁血黄素沉着,骨髓增生,肝脂肪浸润。

(6)维生素 H(生物素)缺乏　病猪表现耳、颈、肩部、尾部皮肤炎症,脱毛、蹄底蹄壳出现裂缝,口腔黏膜炎症、溃疡。

(7)维生素 B$_{12}$缺乏　病猪表现厌食,生长停滞,神经性障碍,应激增加,共济失调,后腿软弱,皮肤粗糙,背部有湿疹样皮炎,偶有局部皮炎,胸腺、脾脏以及肾上腺萎缩,肝脏和舌头常呈现肉芽瘤组织的增殖和肿大,出现典型的小红细胞性贫血(幼猪偶有腹泻和呕吐)。母猪繁殖功能紊乱,易发生流产、死胎,胎儿发育不全、畸形,产仔数减少,仔猪活力减弱,出生后不久死亡。

2. 防治精要

调整日粮组成,添加复合维生素饲料添加剂,补充富含维生素 B 的全价饲料及青绿饲料。

根据缺乏不同的 B 族维生素,应用不同的药物。

①维生素 B$_1$ 缺乏,按每千克体重 0.25～0.5 毫克,采取皮下、肌内或静脉注射维生素 B$_1$,每日 1 次,连用 3 日。亦可内服丙硫胺或维生素 B$_1$ 片。

②维生素 B$_2$ 缺乏,每吨饲料内补充核黄素 2～3 克,也可采用口服或肌内注射维生素 B$_2$,每头猪 0.02～0.04 克,每日 1 次,连用 3～5 日。

③泛酸缺乏,可肌内注射泛酸。对生长阶段猪每千克饲料加入 11～13.2 毫克泛酸,繁殖泌乳阶段的猪饲料中每千克加 3.2～16.5 毫克,能起到很好的预防作用。

④维生素 PP 缺乏,口服烟酸 100～200 毫克。

⑤维生素 B$_6$ 缺乏,每天口服维生素 B$_6$ 每千克体重 60 毫克。饲喂酵母和糠麸。

⑥维生素 H 缺乏,口服生物素,每千克体重 200 毫克。

⑦维生素 B$_{12}$缺乏,可肌内注射维生素 B$_{12}$,也可配合铁钴针剂注射。

(三)维生素 E 缺乏症

维生素 E 缺乏症是指猪体内生育酚缺乏或摄入不足引起的临床上以仔猪肌营养

不良和成年猪繁殖障碍为特征的一种营养代谢病。

1. 诊断精要

【病理诊断】 病死猪剖检表现骨骼肌色淡,有苍白区域,呈灰红色或灰白色,且水分含量较高,尤其是后腿及腰荐部肌肉。心肌有苍白、出血区域,心肌变性,有灰白色条纹或斑,桑葚心。肝脏受到损伤后,表现为肿大、变性、坏死。此外,还有胃溃疡等病理变化。

【临床诊断】 病猪表现血管通透性增大,引起血液外渗透,造成血管功能障碍。表现抽搐、痉挛、麻痹等神经功能失调症状。公猪睾丸变性,性活动降低或消失,精液品质低,精子生成障碍、畸形、死精,甚至不能生成精子;母猪子宫炎,卵巢萎缩,发情异常,易流产,受胎率下降,胚胎发育不良、产死胎或死胎被吸收,泌乳缺乏、停止或有乳房炎。胃溃疡:有些因大量喂给鱼粉或变性的高脂肪类物质(如蚕蛹等)造成维生素E缺乏,可形成黄脂肪综合征。新生仔猪体弱,表现为食欲减退,呕吐,腹泻,不愿活动,喜躺卧,耳后、背部、会阴部出现淤血斑,腹下水肿,贫血。心率加快,心音混浊、节律不齐及有杂音。有的呈现呼吸困难,黏膜发绀或黄染。仔猪表现肌肉营养不良,主要是后躯股部和腰部肌肉无力,后躯肌肉萎缩呈轻瘫或瘫痪,步态强拘或跛行,共济失调。仔猪红痢及皮毛失去光泽或突然死亡等症状。

2. 防治精要

加强饲养管理。选择搭配富含维生素E的饲料饲喂,增加如大麦、小麦、玉米、燕麦、麸皮、稻糠、豆类、豆饼、菜籽饼、棉籽饼、苜蓿、青绿饲料及维生素E类饲料添加剂。在缺硒地区,应在饲料中补加含硒和维生素E的饲料添加剂,通常在妊娠母猪日粮中补充20毫克/千克维生素E,在公猪日粮中添加40~80毫克/千克维生素E,在仔猪日粮中添加10~15毫克/千克维生素E。

治疗可选择以下药物:仔猪用醋酸生育酚0.1~0.5克/头,0.1%亚硒酸钠液1~2毫升,每日或隔日1次皮下或肌内注射,连用10~14天。成年猪用醋酸生育酚1克/头,0.1%亚硒酸钠液10~20毫升,皮下或肌内注射,亦可用维生素E胶丸口服。产后缺乳用维生素E,口服,每次200毫克,每天2~3次,连用5天。胃溃疡用维生素E,口服,400毫克/天,每天2次,每次同时用硫糖铝0.5克,阿托品0.3毫克,口服,连续用药 4 周。口腔溃疡用维生素 E 3 克,糖精 0.1 克,香草香精 0.15 毫升,乳糖 100 克,研粉混合均匀后,涂布于溃疡面上,每天 3 次。新生仔猪体因寒冷、早产感染等因素引起的皮肤脂肪硬化和水肿,肌内注射维生素 E 5～10 毫升,每天 1 次,连用 5～7 天。

十五、微量元素代谢障碍病

(一)硒缺乏症

1. 诊断精要

【病理诊断】

(1)白肌病　主要病变部位在骨骼肌、心肌和肝脏。骨骼肌中以背腰、臀、腿肌变化最明显,且呈双侧对称性。骨骼肌苍白似熟肉或鱼肉状,有灰白色或黄白色条纹或斑块状混浊的变性、坏死区。病变肌肉水肿、脆弱。心脏变形,心脏扩张,体积增大,心肌弛缓、变薄,心内膜下可见心肌呈灰白色或黄白色条纹和斑块,心内膜隆起或下陷,心内、外膜出血,心包积液。肝脏肿大,切面有槟榔样花纹,通常称为槟榔肝或花肝。肾肿大充血,肾实质有出血点和灰色斑灶。

(2)肝营养不良　急性病例可见肝的正常小叶和红色出血性坏死小叶及白色或淡黄色小叶混杂在一起,形成彩色多斑或嵌花式外观,发病小叶可能孤立成点,也可能连成一片,并且再生的肝组织隆起,使肝表面变得粗糙不平。慢性病例的出血部位呈暗红色乃至红褐色,坏死部位萎缩,结缔组织增生,形成瘢痕,使肝表面变得凸凹不平。

【临床诊断】

(1)白肌病　即肌营养不良。以骨骼肌、心肌纤维以及肝组织等变性、坏死为主要特征,1～3 月龄或断奶后的育成猪多发,一般在冬末和春季发生,以 2～5 月份为发病高峰。

急性型:病猪往往没有征兆而突然发病死亡。有的仔猪仅见有精神委顿或厌食现象,兴奋不安,心动急速,在 10～30 分钟内死亡。本型多见于生长快速、发育良好的仔猪。

亚急性型:表现精神沉郁,食欲不振或废绝,腹泻,心跳加快,心律失常,呼吸困难,全身肌肉弛缓乏力,不愿活动,行走时步态强拘、后躯摇晃、运动障碍。重者起立困难,站立不稳。体温无变化,当继发感染时,体温升高,大多有腹泻的表现。

慢性型:生长发育停止,精神不振,食欲减退,皮肤呈灰白色或灰黄色,不愿活动,行走时步态摇晃。严重时,起立困难,常呈前肢跪下或犬坐姿势,病程继续发展则四肢麻痹,卧地不起。常并发顽固性腹泻。尿中出现各种管型,并有血红蛋白尿。

(2)仔猪肝营养不良 多见于3周到4月龄的小猪。急性病猪多为发育良好、生长迅速的仔猪,常在没有先兆症状下而突然死亡。病程较长者,可出现抑郁,食欲减退,呕吐,腹泻症状,有的呼吸困难,耳及胸腹部皮肤发绀。病猪后肢衰弱,臀及腹部皮下水肿。病程长者,多有腹胀、黄疸和发育不良。常于冬末春初发病。

(3)成年猪硒缺乏症 临床症状与仔猪相似,但是病情比较缓和,呈慢性经过。治愈率也较高。大多数母猪出现繁殖障碍,表现母猪屡配不上,妊娠母猪早产、流产、死胎、产弱仔等。

根据本病主要发生于小猪,具有典型的临床症状和病理变化,结合调查饲料中硒的添加量以及组织中硒的水平测定,即可确诊。

2. 防治精要

预防本病的主要方法是提高饲料含硒量,供给全价饲料。对妊娠和哺乳母猪加强饲养管理,注意饲料的合理搭配,保证有足量的蛋白质饲料和必需的矿物质元素。

治疗可选择以下药物:0.1%亚硒酸钠注射液,成年猪10～15毫升;6～12月龄8～10毫升;2～6月龄3～5毫升;仔猪1～2毫升,肌内注射,可于首次用药后间隔1～3天,再给药1～2次,以后则根据病情适当给药,注意浓度一般不宜超过0.2%,一次剂量不要过大,可多次用药,以确保安全。饲料日粮中适量地添加亚硒酸钠,可提高治疗效果。一般日粮每千克含硒量为0.1毫克较为适宜。亚硒酸钠维生素E注射液(每支5毫升、10毫升,每毫升含维生素E 50国际单位,含硒1毫克),肌内注射,仔猪1～2毫升/次。亚硒酸钠的治疗量和中毒量很接近,确定用量时必须谨慎,皮下、肌内注射对局部有刺激性,可引起局部炎症。配合使用维生素E,可明显提高防治效果。屠宰前60天必须停止补硒。

(二)钙磷缺乏症

钙磷缺乏症是由饲料中钙和磷缺乏或二者比例失调引起,幼龄猪表现为佝偻病,成年猪则形成骨软病。临床上以消化紊乱、异嗜癖、跛行、骨骼弯曲变形为特征。

1. 诊断精要

先天性佝偻病常表现为初生仔猪颜面骨肿大，硬性腭突出，四肢肿大且不能屈曲，衰弱无力。后天性佝偻病发病缓慢，早期呈现食欲减退，消化不良，精神不振，不愿站立和运动，出现异嗜癖；随着病情的发展，关节部位肿胀肥厚，触诊疼痛敏感，跛行，骨骼变形，常以腕关节站立或爬行，后肢则以跗关节着地；疾病后期，骨骼变形加重，出现凹背、"X"形腿、颜面骨膨隆，采食咀嚼困难，肋骨与肋软骨结合处肿大，压之有痛感。成年猪的骨软症多见于母猪，病初表现为以异嗜为主的消化功能紊乱，随后出现运动障碍，腰腿僵硬、拱背站立、运步强拘、跛行，经常卧地不动或呈匍匐姿势，后期则出现系关节、腕关节、跗关节肿大变粗，尾椎骨移位变软，肋骨与肋软骨结合部呈串珠状；头部肿大，骨端变粗，易发生骨折和肌腱附着部撕脱。

2. 防治精要

经常检查饲料，保证日粮中钙、磷和维生素 D 的含量，合理调配日粮中钙、磷比例。平时多喂豆科青绿饲料，对于妊娠后期的母猪更应注意钙、磷和维生素 D 的补给，特别是长期舍饲的猪，不易受到阳光照射，维生素 D 来源缺乏，应及时采取预防措施。

治疗采取改善妊娠、哺乳母猪和仔猪的饲养管理，补充钙、磷和维生素 D 源充足的饲料，如青绿饲料、骨粉、蛋壳粉、蚌壳粉等，合理调整日粮中钙、磷的含量及比例，同时适当运动和照射日光。对于发病仔猪，可用维丁胶性钙注射液，按 0.2 毫克/千克体重，隔日 1 次肌内注射；维生素 A、维生素 D 注射液各 2～3 毫升肌内注射，隔日 1 次。成年猪可用 10％葡萄糖酸钙 50～100 毫升静脉注射，每日 1 次，连用 3 日，也有人建议配合应用亚硒酸钠以提高疗效。20％磷酸二氢钠注射液 30～50 毫升，耳静脉注射 1 次，或用麸皮（1.5～2 千克）加 50～70 克酵母粉煮沸后滤液，每日分次喂给。也可用磷酸钙 2～5 克，每日 2 次拌料喂给。

附录　猪病鉴别诊断表

附录1　多器官受损为主要症状疾病鉴别

病　名	发病年龄	临床症状	病理变化	诊　断	防治要点
猪　瘟	任何年龄	体温升高至41～42℃，食欲减退或拒食，精神沉郁，眼有多量黏脓性分泌物，耳、腹下见出血斑点，部分幼猪有神经症状，妊娠母猪流产	淋巴结肿胀，周边出血。肾脏色泽变淡，皮质表面有出血斑点。脾脏不肿大，边缘有出血性梗死。全身浆膜、黏膜、膀胱、胆囊、喉头等见有大小不等、数量不一的出血斑点	荧光抗体试验，酶联免疫吸附试验，家兔接种试验	无特效治疗方法，主要依靠疫苗预防和紧急接种
猪繁殖与呼吸综合征	任何年龄	体温升高至40℃以上，咳嗽、呼吸困难。耳发绀，母猪流产或产死胎、木乃伊胎、弱仔	弥漫性间质性肺炎，患病仔猪和死胎见胸腔内有大量清亮液体	抗体检查或病毒分离	无特效治疗方法，可用疫苗预防
猪圆环病毒感染	任何年龄	临床表现多种多样，主要特征为体质下降、消瘦、贫血、黄疸、生长发育不良、腹泻、呼吸困难、母猪繁殖障碍，体表淋巴结，特别是腹股沟淋巴结肿大	内脏器官及皮肤有广泛病理变化，特别是肾脏、脾脏及全身淋巴结的高度肿大、出血和坏死	电镜检查或间接免疫荧光试验	无特效治疗方法，可用疫苗预防
猪伪狂犬病	任何年龄	仔猪呼吸困难，咳嗽，流涎，发热，神经症状。母猪流产或产死胎、木乃伊胎	坏死性扁桃体炎，肝、脾常可见有灰白色坏死灶。肾和心肌有针尖大小的出血点	病毒分离，荧光检查	无特效治疗方法，可用疫苗预防和紧急接种

续附录 1

病　名	发病年龄	临床症状	病理变化	诊　断	防治要点
猪乙型脑炎	任何年龄,主要是夏秋季 7～9 月份流行	仔猪突然发病,体温升高至 40～41℃,有神经症状。妊娠母猪主要症状是流产或早产,胎儿多是死胎,大小不等或木乃伊胎。患病公猪单侧性睾丸肿胀	脑脊髓膜充血,脑脊髓液增量。肿胀的睾丸实质充血、出血和有坏死灶。流产的胎儿常见脑水肿,腹水增多,皮下血样浸润,胎儿大小不等,有的呈木乃伊化	病毒分离或血清学诊断	无特效治疗方法,可用疫苗预防
猪口蹄疫	任何年龄	发热,传播快,2～3 天可波及全群。蹄部出现水疱。口腔黏膜、鼻盘、吻突也发生水疱或糜烂。哺乳母猪乳房出现水疱或烂斑,泌乳量下降。发病率高,成年猪多能自愈。乳猪常呈急性胃肠炎、心肌炎而突然死亡	外观除可见的水疱病变外,最具诊断意义的是心肌变化。心包膜有弥散性及点状出血。心肌松软,似煮熟样。心肌切面有灰白色或淡黄色斑纹。胃肠黏膜呈出血性炎症	间接血凝试验,酶联免疫吸附试验,动物接种试验	对症治疗,可用灭活苗预防
副猪嗜血杆菌病	主要在断奶后和保育期间发病	发热(40.5～42℃),精神沉郁,食欲下降,呼吸困难,腹式呼吸,皮肤发红或苍白,耳梢发紫,眼睑水肿,行走缓慢或不愿站立,腕关节、跗关节肿大,共济失调,临死前侧卧或四肢呈划水样	体表发紫,肚子大,有大量黄色腹水。剖检病死猪胸膜炎明显(包括心包炎和肺炎)、关节炎、腹膜炎和脑膜炎。以浆液性、纤维素性渗出(严重的呈豆腐渣样)为炎症特征。肺可有间质水肿、粘连,心包积液、粗糙、增厚,腹腔积液,肝脾肿大、与腹腔粘连,关节病变亦相似	微生物学诊断,间接血凝抑制试验	氟喹诺酮类等多种抗菌药物有效,可用疫苗预防
猪链球菌病	各种年龄,败血型和脑膜脑炎型多见于仔猪,淋巴结脓肿型多见于成年猪	体温升高,停食,便秘,流浆液性鼻液,精神沉郁,食欲减退,眼结膜潮红,流泪,部分猪腹下见紫红色斑。慢性型主要表现为多发性关节炎,有些表现淋巴结脓肿型	淋巴结肿大、出血,脾肿大、出血,胸腹腔有较多黄色混浊液体,含微黄色纤维素絮片样物质,心包积液,内有纤维素性物质,心外膜与心包膜常粘连,慢性关节炎型关节周围肿胀	脾、血液涂片镜检或分离链球菌	头孢类药物等有效,可用疫苗预防

续附录 1

病　名	发病年龄	临床症状	病理变化	诊　断	防治要点
附红细胞体病	各种年龄	体温升高至 40～40.7℃,精神沉郁,食欲消失,贫血和呼吸困难。后期乏力,严重黄疸。繁殖母猪表现流产、不发情或配种后返情率很高、皮肤黄染或苍白、分娩延迟,产后发热、乳房炎和缺乳症	全身性黄疸、贫血,脾显著肿大,肝肿大呈土黄色或棕黄色,质脆,并有出血点或坏死点,有的表面凹凸不平,有黄色条纹坏死区。肺和肾有小出血点	微生物诊断,间接血凝抑制试验	四环素类抗生素等有效,无疫苗预防
猪弓形虫病	3～10 月龄	体温升高至 40.5～42℃,便秘或腹泻,呼吸困难,妊娠母猪往往发生早产或产出发育不全的仔猪或死胎	肺炎,肠道溃疡,脾脏肿大,各种脏器出现白色坏死灶	分离鉴定猪弓形虫	磺胺-6-甲氧嘧啶等多种磺胺类药物有效
黄曲霉毒素中毒	任何年龄	厌食,贫血,黄疸,体温正常	腹水,肝肿大,脂肪肝至肝坏死、硬化	饲料毒素检查	不饲喂发霉饲料,可用霉菌毒素吸附剂

附录2　呼吸道疾病鉴别

病　名	发病年龄	临床症状	病理变化	诊　断	防治要点
猪　瘟	任何年龄	体温升高至41~42℃，食欲减退或拒食，精神沉郁，眼有多量黏脓性分泌物，耳、腹下见出血斑点，部分幼猪有神经症状，母猪流产	淋巴结肿胀，周边出血。肾脏色泽变淡，皮质表面有出血斑点。脾脏不肿大，边缘有出血性梗死。全身浆膜、黏膜、膀胱、胆囊、喉头等见有大小不等、数量不一的出血斑点	荧光抗体试验，酶联免疫吸附试验，家兔接种试验	无特效治疗方法，可用疫苗预防和紧急接种
猪肺疫	任何年龄，但以架子猪居多	体温升高，流鼻液、咳嗽、呼吸困难，呈犬坐姿势，可视黏膜发绀，耳根、腹下及四肢内侧皮肤有红斑	肺脏有不同程度的肝变区，切面呈大理石状，气管、支气管内含有多量泡沫状黏液。胸膜常有纤维素性物质附着，脾脏出血但不肿大	肺、血液涂片镜检或分离多杀性巴氏杆菌	氟苯尼考等多种抗菌药物有效，可用疫苗预防
猪传染性萎缩性鼻炎	1周龄以上	打喷嚏，呼吸困难，眼下形成半月形黄黑色泪斑。鼻腔和面部变形，外观鼻短缩或鼻歪向一侧。体温一般正常	鼻甲骨萎缩，中隔偏斜，浆液至脓性渗出物	分离败血波氏杆菌	用泰乐菌素等多种抗菌药物有效，可用疫苗预防
猪副伤寒	1~4月龄保育猪和中猪	体温升高至41~42℃，食欲下降，眼结膜发绀，耳端、腹下有紫红色斑，腹泻，粪便恶臭呈稀粥状，眼结膜潮红，有黏脓性分泌物	肝脏肿大，被膜下有灰白色坏死灶（副伤寒结节）；脾脏肿大，暗蓝色，质地坚实；肠胃黏膜充血、出血。亚急性、慢性型特征性病变为坏死性肠炎，盲肠、结肠肠壁增厚，黏膜表面覆盖一层坏死性和纤维素性物质，外观呈糠麸样	脾、肝涂片镜检或分离沙门氏菌	氟苯尼考等多种抗菌药物有效，可用疫苗预防

续附录 2

病　名	发病年龄	临床症状	病理变化	诊　断	防治要点
猪伪狂犬病	任何年龄	仔猪呼吸困难,咳嗽,流涎,发热,有神经症状。母猪流产、死胎、木乃伊胎	坏死性扁桃体炎,肝、脾常可见灰白色坏死灶。肾和心肌有针尖大小的出血点	病毒分离,荧光检查	无特效治疗方法,可用疫苗预防和紧急接种
猪接触传染性胸膜肺炎	各种年龄猪均易感,但以 2～3 月龄猪最易感	体温升高至 41～42℃,精神沉郁,食欲减退或废绝,鼻背侧、耳、后腿、体侧皮肤发绀。严重呼吸困难,咳嗽,气喘,腹式呼吸,临死前从口、鼻流出带血样泡沫液体	肺水肿、充血或出血。有纤维素性胸膜炎,胸腔内有多量带血色的液体,胸膜有粘连区。气管、支气管内充满带血色的黏液性、泡沫性渗出物。常伴发心包炎、心外膜、心包膜粘连	以支气管或鼻腔分泌物、肺部病变分离胸膜肺炎放线杆菌	氟苯尼考等多种抗菌药物有效,可用疫苗预防
猪弓形虫病	3～10 月龄	体温升高至 40.5～42℃,便秘或腹泻,呼吸困难,妊娠母猪往往发生早产或产出发育不全的仔猪或死胎	肺炎,肠溃疡,脾脏肿大,各种脏器出现白色坏死灶	分离鉴定猪弓形虫	磺胺-6-甲氧嘧啶等多种磺胺类药物有效
猪气喘病	1 周龄以上	呼吸困难,活动后咳嗽,干咳,体温一般无变化	肺脏的心叶、尖叶、中间叶及膈叶前缘呈对称性"胰变"或"肉变"	分离鉴定猪肺炎支原体	用泰妙菌素等多种抗菌药物有效,可用疫苗预防
猪流感	断奶以后	病猪体温升高,食欲减退或废绝,高度精神沉郁,呼吸急促、咳嗽,鼻流黏性分泌物,粪便干硬,6～7 天康复	气管、支气管黏膜出血,表面有大量泡沫状黏液。肺病变部呈紫红色,病区肺膨胀不全,周围肺组织则呈气肿、苍白	抗体检查	对症治疗,无疫苗可用
猪繁殖与呼吸综合征	任何年龄	体温升高至 40℃ 以上,咳嗽、呼吸困难,耳发绀,母猪流产、产死胎及木乃伊胎、弱仔	弥漫性间质性肺炎,患病仔猪和死胎见胸腔内有大量清亮液体	抗体检查或病毒分离	无特效治疗方法,可用疫苗预防

续附录 2

病　名	发病年龄	临床症状	病理变化	诊　断	防治要点
猪肺线虫病（猪后圆线虫病）	1～5 月龄的猪多发	咳嗽、呼吸困难,鼻腔流出脓性黏稠分泌物	肺表面有白色隆起呈肌肉样硬变的病灶,切开可发现白色丝状虫体	肺发现白色丝状虫体	伊维菌素等多种药物有效
猪蛔虫病	1 月龄多发	呼吸困难,咳嗽,体温不升高	肺膨胀不全、出血、水肿、气肿,肝小叶出血、坏死	剖检病变和粪便虫卵检查	伊维菌素等多种药物有效

附录3　腹泻疾病鉴别

病　名	发病年龄	临床症状	病理变化	诊　断	防治要点
猪瘟	任何年龄	体温升高至41～42℃，食欲减退或拒食，精神沉郁，眼有多量黏脓性分泌物，耳、腹下有出血斑点，部分幼猪有神经症状，妊娠母猪流产	淋巴结肿胀、周边出血。肾脏色泽变淡，皮质表面有出血斑点。脾脏不肿大，边缘有出血性梗死。全身浆膜、黏膜、膀胱、胆囊、喉头等，见有大小不等、数量不一的出血斑点	荧光抗体、酶联免疫吸附试验，家兔接种试验	无特效治疗方法，可用疫苗预防和紧急接种
猪传染性胃肠炎	任何年龄	以10日龄内的猪病死率最高，断奶以后的猪大多能自然恢复。呕吐，水样腹泻，粪便呈黄绿色或灰白色，脱水	尸体脱水明显，皮下干燥。胃内充满凝乳块，胃底黏膜充血、出血。肠管扩张呈半透明状，充满黄绿色或灰白色液体	病毒分离或血清学诊断	对症治疗，可用疫苗预防
猪流行性腹泻	任何年龄	以10日龄内的猪病死率较高，断奶以后的猪大多能自然恢复。呕吐，水样腹泻，脱水	仅见小肠病变，如小肠扩张，肠内充满黄色液体	病毒分离或血清学诊断	对症治疗，可用疫苗预防
猪副伤寒	1～4月龄的保育猪和中猪	体温升高至41～42℃，食欲下降，眼结膜发绀，耳端、腹下有紫红色斑，腹泻，粪便恶臭呈稀粥状，眼结膜潮红，有黏脓性分泌物	肝脏肿大，被膜下有灰白色坏死灶（副伤寒结节）。脾脏肿大，暗蓝色，质地坚实，肠胃黏膜充血、出血。亚急性、慢性型特征性病变为坏死性肠炎，盲肠、结肠肠壁增厚，黏膜表面覆盖一层坏死性和纤维素性物质，外观呈糠麸样	脾、肝涂片镜检或分离沙门氏菌	氟苯尼考等多种抗菌药物有效，可用疫苗预防
猪伪狂犬病	任何年龄	仔猪呼吸困难，咳嗽，流涎，发热，神经症状。母猪流产或产死胎、木乃伊胎	坏死性扁桃体炎，肝、脾常有灰白色坏死灶。肾和心肌有针尖大小的出血点	病毒分离，荧光检查	无特效治疗方法，可用疫苗预防和紧急接种

续附录3

病 名	发病年龄	临床症状	病理变化	诊 断	防治要点
轮状病毒感染	1～5周龄易感	水样、糊状腹泻、脱水。发病率高，病死率低	肠壁变薄，充有液体，结肠扩张	病毒分离或血清学诊断	对症治疗，可用疫苗预防
猪弓形虫病	3～10月龄	体温升高至40.5～42℃，便秘或腹泻，呼吸困难，妊娠母猪往往发生早产或产出发育不全的仔猪或死胎	肺炎，肠溃疡，脾脏肿大，各种脏器出现白色坏死灶	分离鉴定猪弓形虫	磺胺-6-甲氧嘧啶等多种磺胺类药物有效
猪大肠杆菌病（仔猪黄痢、仔猪白痢）	30日龄以前	排黄色或灰白色糊样稀便，有气泡，腥臭，脱水，发病率高	肠充血或不充血，肠壁轻度水肿，肠扩张并充盈液体、黏液和气体	分离大肠杆菌	氟苯尼考等多种抗菌药物有效，可用疫苗预防
仔猪红痢	主要发生于1周龄内	排血样或含有灰色坏死组织的红褐色液状稀粪，消瘦，虚弱死亡	腹腔内有较多呈樱桃红色液体。空肠肠壁呈深红色，病健交界明显。肠内容物为暗红色液体，肠黏膜及黏膜下层有广泛性出血	分离C型产气荚膜梭菌	无特效治疗方法，可用疫苗预防
猪痢疾	以7～12周龄保育猪发病较多	病初粪便变软，混有黏液、血液及纤维素碎片，体温升高至40～40.5℃，脱水，消瘦，死亡率低	病变主要局限于大肠，分界明显，大肠内容物稀薄，并混有黏液、血液和组织碎片	分离猪痢疾短螺旋体	痢菌净等多种药物有效，无疫苗可用
猪增生性肠炎	常发生于6～20周龄生长育成猪	急性型主要表现突然严重腹泻，排沥青样黑色粪便或血样粪便，不久虚脱死亡，也有的仅表现皮肤苍白，未发现粪便异常而在挣扎中死亡，体温一般正常	小肠及回肠黏膜增厚、出血或坏死等，浆膜下和肠系膜常见水肿，肠黏膜呈现特征性分枝状皱褶，严重时似脑回	取肠黏膜涂片，姬姆萨染色、镜检，见有细胞内劳森菌	泰乐菌素等多种抗菌药物有效，无疫苗可用

续附录 3

病　名	发病年龄	临床症状	病理变化	诊　断	防治要点
博卡病毒感染	发病猪以哺乳仔猪为主	多在出生 2～3 天后出现水样腹泻,部分有呕吐症状,迅速脱水消瘦,精神沉郁、被毛粗乱,少吃或不吃,一般于 5～7 天内死亡,10 日龄以内的仔猪死亡率极高,达 50%～80%,随日龄的增加死亡率降低。感染母猪群表现体温升高、气喘、湿咳,个别猪发生呕吐或皮炎,死亡率低	尸体消瘦、胃黏膜充血,有时有出血点;小肠黏膜充血,肠壁变薄透明,内含水样稀便,肠系膜淋巴结肿大出血	病毒分离,抗原检查,血清学诊断	对症治疗,预防本病可将发病猪的肠胃内容物、粪便饲喂母猪
猪肺虫病（猪后圆线虫病）	1～5 月龄多发	咳嗽,呼吸困难,鼻孔流出脓性黏稠分泌物	肺表面有白色隆起呈肌肉样硬变的病灶,切开可发现白色丝状虫体	肺发现白色丝状虫体	伊维菌素等多种药物有效
猪蛔虫病	1 月龄的猪多发	腹泻,呼吸困难,咳嗽,体温不升高	肺膨胀不全、出血、水肿、气肿,肝小叶出血、坏死	粪便虫卵检查	伊维菌素等多种药物有效

附录4 表现流产、死胎疾病鉴别诊断

病　名	发病年龄	临床症状	病理变化	诊　断	防治要点
猪瘟	任何年龄	体温升高至41～42℃，食欲减退或拒食，精神沉郁，眼有多量黏脓性分泌物，耳、腹下见出血斑点，部分幼猪有神经症状，妊娠母猪流产	淋巴结肿胀、周边出血。肾脏色泽变淡，皮质表面有出血斑点。脾脏不肿大，边缘有出血性梗死。全身浆膜、黏膜、膀胱、胆囊、喉头等见有大小不等、数量不一的出血斑点	荧光抗体、酶联免疫吸附试验，家兔接种试验	无特效治疗方法，可用疫苗预防和紧急接种
猪乙型脑炎	任何年龄，主要是夏秋季7～9月份流行	仔猪突然发病，体温升高至40～41℃，有神经症状。妊娠母猪流产或早产，胎儿大小不等，产死胎或木乃伊胎。患病公猪单侧性睾丸肿胀	脑脊髓膜充血，脑脊髓液增量。肿胀的睾丸实质充血、出血和有坏死灶。流产胎儿常见有脑水肿、腹水增多，皮下有血样浸润，有的呈木乃伊化	病毒分离或血清学诊断	无特效治疗方法，可用疫苗预防
猪细小病毒感染	多见于初产母猪	母猪特别是初产母猪产死胎、畸形胎、木乃伊胎、病弱仔猪及流产，无其他明显症状	流产胎儿充血、出血、水肿、体腔积液、畸形等	病毒分离或血清学诊断	无特效治疗方法，可用疫苗预防
猪繁殖与呼吸综合征	任何年龄	体温升高至40℃以上，咳嗽、呼吸困难。耳发绀，母猪流产或产死胎、木乃伊胎及弱仔	弥漫性间质性肺炎，患病仔猪和死胎见胸腔内有大量清亮液体	抗体检查或病毒分离	无特效治疗方法，可用疫苗预防
布鲁氏菌病	妊娠母猪和公猪	流产，产出的胎儿常为死胎或弱胎	流产胎衣呈黄色胶样浸润，有些部位覆盖有纤维蛋白絮片和脓液。流产胎儿水肿或木乃伊化，胃内有黄白色黏性絮状物。睾丸实质中有米粒至黄豆大小坏死灶或化脓灶	抗体检查或细菌分离	病猪无治疗价值，淘汰，必要时用疫苗预防

续附录 4

病　名	发病年龄	临床症状	病理变化	诊　断	防治要点
猪伪狂犬病	任何年龄	仔猪呼吸困难,咳嗽,流涎,发热,有神经症状。母猪流产或产死胎、木乃伊胎	坏死性扁桃体炎,肝、脾有灰白色坏死灶,肾和心肌有针尖大小出血点	病毒分离,荧光检查	无特效治疗方法,可用疫苗预防和紧急接种
猪流感	任何年龄	体温升高,食欲减退或废绝,高度精神沉郁,呼吸急促,咳嗽,鼻流黏性分泌物,粪便干硬,6～7天康复,母猪流产、死胎	气管、支气管黏膜出血,表面有大量泡沫状黏液。肺病变部呈紫红色,病区肺膨胀不全,周围肺组织则呈气肿、苍白	抗体检查	对症治疗,无疫苗可用

附录5 体表有水疱、痘疹症状的疾病鉴别诊断

病 名	发病年龄	临床症状	病理变化	诊 断	防治要点
猪口蹄疫	任何年龄	发热,传播快,2～3天可波及全群。蹄部出现水疱,口腔黏膜、鼻盘、吻突也发生水疱或糜烂。哺乳母猪乳房出现水疱或烂斑,泌乳力下降。发病率高,成年猪多能自愈,乳猪常呈急性胃肠炎、心肌炎而突然死亡	心包膜有弥散性及点状出血,心肌松软,似煮熟样,切面有灰白色或淡黄色斑纹。胃肠黏膜呈出血性炎症	间接血凝、酶联免疫吸附试验,动物接种试验	对症治疗,可用灭活苗预防
猪水疱病	各种年龄	发热,传播较慢,蹄部出现水疱,口腔黏膜、鼻盘、吻突也发生水疱或糜烂。口腔水疱较少,非化脓性。发病率低	内脏器官无肉眼可见变化	抗体检查	对症治疗,可用灭活苗或弱毒苗预防
猪 痘	各种年龄	体温升高至41～42℃,毛少处有红斑—丘疹—水疱—脓疱—结痂经过,很少死亡,易继发感染	内脏器官无肉眼可见变化	病毒分离鉴定	对症治疗,无疫苗可用
渗出性皮炎	哺乳仔猪多见	体温正常,体表黏湿,血清及皮脂渗出,有水疱及溃疡,污浊皮痂,气味难闻	内脏器官无肉眼可见变化	涂片镜检,分离细菌	外科处理,抗生素治疗,自家疫苗预防

参考文献

[1]　李普霖.食用动物疾病病理学[M].长春:吉林科学技术出版社,1989.

[2]　内蒙古农牧学院,等.家畜病理学[M].北京:中国农业出版社,1981.

[3]　罗贻逊.家畜病理学[M].2版.成都:四川科学技术出版社,1993.

[4]　王阳伟,等.猪病防治[M].郑州:河南科技出版社,2012.

[5]　林永祯.畜禽传染病学[M].成都:四川科学技术出版社,1999.

[6]　陈宏智,杨保栓.畜禽病理及病理诊断[M].郑州:河南科学技术出版社,2012.

[7]　林曦.家畜病理学[M].北京:中国农业出版社,2005.

[8]　赵德明.兽医病理学[M].北京:中国农业大学出版社,2001.

[9]　陆桂平.动物病理学[M].北京:中国农业出版社,2004.

[10]　王小龙.兽医临床病理学[M].北京:中国农业出版社,1999.

[11]　周铁忠,陆桂平.动物病理[M].北京:中国农业出版社,2006.

[12]　陈怀涛,许乐仁.兽医病理学[M].北京:中国农业出版社,2005.

[13]　鲍恩东.动物病理学[M].北京:中国农业科技出版社,2000.

[14]　张旭静.动物病理学检验彩色图谱[M].北京:中国农业出版社,2003.

[15]　孙斌.动物尸体剖检[M].北京:中国科学技术出版社,2001.

[16]　朱坤熹.兽医病理解剖学[M].2版.北京:中国农业出版社,2000.

[17]　孙斌,杨颖粒,张洪友.动物疾病病理诊断[M].北京:中国科学技术出版社,2001.